dtv

Naturwissenschaftliche Einführungen im <u>dtv</u>

Herausgegeben von Olaf Benzinger

Brigitte Röthlein, geboren 1949, ist Diplomphysikerin und wurde 1979 in Zeitungswissenschaft, Pädagogik und Geschichte der Naturwissenschaften promoviert. Seit 1973 arbeitet sie als Wissenschaftsautorin für diverse Zeitungen und Zeitschriften sowie für Fernsehen und Rundfunk. Ihr Hauptinteresse gilt der Grundlagenforschung. Von 1993 bis 1996 leitete sie neben ihrer freien publizistischen Tätigkeit das Geschichtsmagazin ›Damals‹. Buchveröffentlichungen: ›Unser Gehirn wird entschlüsselt‹ (1993) und ›Mare Tranquillitatis, 20. Juli 1969. Die wissenschaftlich-technische Revolution‹ (1997).

Das Innerste der Dinge

Einführung in die Atomphysik

Von
Brigitte Röthlein

Mit Schwarzweißabbildungen von
Nadine Schnyder

Deutscher Taschenbuch Verlag

Ein Überblick über die gesamte Reihe findet sich am Ende des Bandes.

Originalausgabe
November 1998
© Deutscher Taschenbuch Verlag GmbH & Co. KG, München
Umschlagkonzept: Balk & Brumshagen
Umschlagbild: © Lawrence Berkeley Laboratory
Redaktion und Satz: Lektyre Verlagsbüro
Olaf Benzinger, Germering
Druck und Bindung: C. H. Beck'sche Buchdruckerei, Nördlingen
Gedruckt auf säurefreiem, chlorfrei gebleichtem Papier
Printed in Germany · ISBN 3-423-33032-5

Inhalt

Dieses Buch widme ich Kyoto,
der Stadt, die wegen ihrer Schönheit
der atomaren Bedrohung entging

B.R.

Vorbemerkung des Herausgebers

Die Anzahl aller naturwissenschaftlichen und technischen Veröffentlichungen allein der Jahre 1996 und 1997 hat die Summe der entsprechenden Schriften sämtlicher Gelehrter der Welt vom Anfang schriftlicher Übertragung bis zum Zweiten Weltkrieg übertroffen. Diese gewaltige Menge an Wissen schüchtert nicht nur den Laien ein, auch der Experte verliert selbst in seiner eigenen Disziplin den Überblick. Wie kann vor diesem Hintergrund noch entschieden werden, welches Wissen sinnvoll ist, wie es weitergegeben werden soll und welche Konsequenzen es für uns alle hat? Denn gerade die Naturwissenschaften sprechen Lebensbereiche an, die uns – wenn wir es auch nicht immer merken – tagtäglich betreffen.

Die Reihe ›Naturwissenschaftliche Einführungen im dtv‹ hat es sich zum Ziel gesetzt, als Wegweiser durch die wichtigsten Fachrichtungen der naturwissenschaftlichen und technischen Forschung zu leiten. Im Mittelpunkt der allgemeinverständlichen Darstellung stehen die grundlegenden und entscheidenden Kenntnisse und Theorien, auf Detailwissen wird bewußt und konsequent verzichtet.

Als Autorinnen und Autoren zeichnen hervorragende Wissenschaftspublizisten verantwortlich, deren Tagesgeschäft die populäre Vermittlung komplizierter Inhalte ist. Ich danke jeder und jedem einzelnen von ihnen für die von allen gezeigte bereitwillige und konstruktive Mitarbeit an diesem Projekt.

Der vorliegende Band befaßt sich mit der Erforschung der atomaren und subatomaren Welt. Auf lebendige Weise verfolgt Brigitte Röthlein die Entwicklung von den frühen Experimenten von Wilhelm Röntgen, Ernest Rutherford, Marie Curie und anderen – deren Ergebnisse zunächst so gar nicht in Einklang mit der klassischen Physik um die Jahrhundertwende zu bringen waren –, bis hin zur modernsten Reaktortechnik und zu den gigantischen Teilchen-Beschleunigern, die uns in immer fernere Mikrowelten führen. Der Leser hat die Möglichkeit, den schillernden Vertretern des »Goldenen Jahrhunderts der Atomphysik« bei ihren zentralen Versuchen und Theoriebildungen über die Schulter zu schauen: Max Planck, Albert Einstein, Niels Bohr, Werner Heisenberg, Richard Feynman oder Lise Meitner und Otto Hahn – um nur einige zu nennen. Daneben diskutiert die Autorin fundiert Gefahren und Chancen der »angewandten Atomphysik«, der technischen Nutzung der Radioaktivität: von der Atombombe über Fusionsreaktoren zu kompliziertesten Computer-Tomographen.

Olaf Benzinger

Eine geniale Entdeckung

Es war, wie er selbst sagte, das unglaublichste Vorkommnis, das ihm je begegnet war. Ernest Rutherford, der berühmte Physiker, der im Jahr zuvor den Nobelpreis erhalten hatte, war zum ersten Mal in seinem Leben ratlos. Dabei war er sonst als sehr selbstsicherer, eher lauter, ja polternder Chef bekannt. George Gamow charakterisierte ihn 1965 in seinem Buch ›Biographische Physik‹ durch ein kleines Gedicht:

»Diesen hübschen, kräft'gen Lord
kannten wir als Ernest Rutherford.
Aus Neuseeland kam er, eines Bauern Sohn,
der nie verlor seinen erdgebundenen Ton.
Seine starke Stimme, seines Lachens Schall
drangen durch die Türen überall.
Doch wenn der Zorn ihn überkam,
waren die Worte gar nicht zahm!«

Seine laute Stimme störte sogar physikalische Experimente, die zum Teil sensibel auf Erschütterungen und Schallwellen reagierten. Da aber niemand wagte, ihm als gestrengem Institutsdirektor dies zu sagen, baute man ein Leuchtschild und hängte es an die Decke. Darauf stand: »Talk softly please« (Sprechen Sie bitte leise). Ob es Erfolg hatte, ist nicht bekannt.

Man schrieb das Jahr 1909. In seinem Labor an der Universität Manchester hatte der 38jährige Institutschef Ernest Rutherford einen jungen Mann namens Ernest Marsden damit beauftragt, Streuversuche mit Alphateilchen zu machen. Diese nur wenige Jahre zuvor entdeckten Teilchen werden von bestimmten radioaktiven Stoffen ausgesandt, zum Beispiel von Radium. Seit Jahren hatte sich Rutherford damit beschäftigt, in fein geplanten und sorgfältig ausgeführten Experimenten ihre Eigenschaften zu ermitteln. Angesichts der – verglichen mit heute – primitiven Geräte und Meßapparaturen war dies ein schwieriges Unterfangen, das viel Geduld, Ausdauer und Intuition erforderte. Immerhin wußte man im Jahr 1909 schon, daß die sogenannten Alphastrahlen aus Teilchen bestanden, die eine positive elektrische Ladung trugen. Außerdem hatte Rutherford zusammen mit seinen Mitarbeitern gemessen, daß diese Teilchen im Vergleich zu anderen, etwa Elektronen, ziemlich schwer waren. Rutherford stellte sie sich deshalb ganz bildlich als kleine Geschosse vor, die aufgrund ihrer relativ hohen Masse und ihrer riesigen Geschwindigkeit eine durchschlagende Wirkung besaßen. Sie rasten, das hatten ebenfalls Messungen ergeben, mit rund zehntausend Kilometern pro Sekunde durch die Luft.

Marsden hatte nun nach Anweisung seines Chefs folgenden Versuch ausgeführt: Er hatte derartige Alphateilchen auf eine dünne Metallfolie geschossen und gemessen, ob und wie die Teilchen dadurch von ihrem geradlinigen Weg abgelenkt – gestreut – wurden. Man erwartete, daß die Partikel beim Durchgang durch die Folie ein paarmal mit Metallatomen zusammenstoßen und dadurch kleine Auslenkungen erfahren würden. Im Experiment konnte man das dadurch nachweisen, daß man die Teilchen zuerst durch eine schmale Schlitzblende bündelte, sie dann durch die Metallfolie schoß und den Strahl anschließend auf einem Schirm auffing, der mit fluoreszierendem Material bestrichen war. An den Stellen, an denen ein Alphateilchen auf dem Schirm auftraf, leuchtete für den Bruchteil einer Sekunde das fluoreszierende Material auf, der Forscher, der den Schirm beobachtete, konnte es registrieren und die Treffer zählen. Durch die leichte Ablenkung der Teilchen in der Metallfolie wurde auf dem Schirm nun nicht mehr ein scharfes Bild des Schlitzes abgebildet, sondern es wurde ein wenig verschmiert und unscharf.

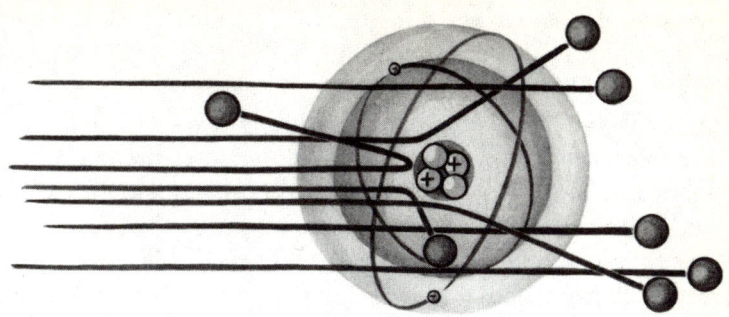

Das Beschießen eines Atoms mit Alphateilchen: Da sich gleichnamige Ladungen abstoßen, werden die positiv geladenen Alphateilchen durch den ebenfalls positiv geladenen Atomkern abgelenkt.

Neben diesem erwarteten Effekt trat aber noch eine weitere Erscheinung auf, mit der weder Marsden noch sein Lehrer Rutherford gerechnet hatten: Einige, wenn auch wenige Alphateilchen trafen auf dem Schirm nicht nur knapp neben dem Abbild des Schlitzes auf, sondern weit davon entfernt, ja manche wurden durch die Folie sogar um neunzig Grad und mehr abgelenkt; bei einer Platinfolie wurde überdies etwa jedes achttausendste Teilchen ganz zurückgeworfen. »Das war fast so unglaublich«, sagte Rutherford später in einer Vorlesung, »als ob man aus einer Pistole eine Kugel auf einen Bogen Seidenpapier abfeuert, und sie kommt zurück und trifft den Schützen.«

Um das Erstaunen über das unerwartete Ergebnis begreifen zu können, muß man sich vor Augen halten, wie sich die Physiker zur Zeit der Jahrhundertwende die Atome vorstellten: als kleine runde Kugeln – ähnlich wie Billardkugeln –, die in einem Feststoff dicht an dicht zusammengepackt waren. Man war der Überzeugung, daß der Raum durch die Atome zum größten Teil ausgefüllt sei, und nur ein Körper, der sich wie das Alphateilchen mit hoher Geschwindigkeit bewegte, könnte eine Folie aus Atomen durchschlagen, wobei er ein wenig abgelenkt würde.

1903 verfeinerte der Physiker Philipp Lenard diese Vorstellung. Er hatte in mehreren Experimenten festgestellt, daß sehr schnelle Elektronen Folien praktisch ungehindert durchdringen können. Er schloß daraus, daß der größte Teil des Atoms leer sein müsse und postulierte, daß Paare aus je einem negativen Elektron und einer positiven Ladung, die er »Dynamiden« nannte, das Atom bildeten. Diese Dynamiden sollten nur einen winzigen Bruchteil des Raums einnehmen, der Rest sei leer.

Auch der Entdecker des Elektrons, Joseph John Thomson, hatte sich schon vor 1910 Gedanken über den Aufbau der Atome gemacht. Er war im Gegensatz zu Lenard der Meinung, daß das Atom aus einer positiv geladenen Kugel bestand, in die negative Elektronen zum Ausgleich der Ladung eingebettet seien. Er glaubte, sie seien in konzentrischen Kugelschalen regelmäßig angeordnet.

Beide Modelle konnten zwar erklären, warum Alphateilchen beim Durchgang durch eine Folie ein wenig abgelenkt wurden, nämlich durch mehrere kleine Stöße, sie jedoch boten keine Erklärung dafür, daß manche der Partikel ganz zurückgeworfen wurden. Zwei Jahre lang grübelte Rutherford über diesem Ergebnis. Als erfahrener Experimentator glaubte er nicht daran, daß es sich um einen Meßfehler oder einen Verschmutzungseffekt handelte. Anfang 1911 schien er die Lösung des Rätsels entdeckt zu haben. Sein Mitarbeiter Hans Geiger, der durch die Erfindung des Geigerzählers berühmt wurde, berichtete später: »Eines Tages kam Rutherford, offensichtlich bester Laune, in mein Zimmer und sagte, er wisse jetzt, wie ein Atom aussehe und wie man die großen Ablenkungen der Alphateilchen erklären könne.« Er war zu dem Schluß gekommen, daß jede der großen Ablenkungen der Alphateilchen auf einen einzigen Zusammenstoß zurückzuführen sei und daß dieser Zusammenprall mit einem sehr kleinen, sehr schweren Teilchen geschehen sein mußte. Das Atom konnte deshalb nicht aus einer Kugel mittlerer Dichte bestehen, sondern mußte ein zentrales Teilchen enthalten, das im Vergleich zur Gesamtgröße des Atoms winzig klein war, in dem aber praktisch dessen gesamte Masse konzentriert war. Dieses zentrale Teilchen – später wurde es Atomkern genannt – mußte außerdem eine elektrische Ladung tragen, die bei schweren Elementen ein Vielfaches der Elementarladung ausmachen mußte. Ob diese Ladung allerdings positiv oder negativ war, konnte Rutherford aus den vorliegenden Meßergebnissen allein nicht entscheiden, denn sie wären sowohl bei positiver als auch bei negativer Ladung des Zentralteilchens erklärbar gewesen. Damit das Atom nach außen hin neutral war, mußte das geladene Zentrum von einer entgegengesetzt geladenen Hülle umgeben sein.

Im März 1911 trug Rutherford diese revolutionären Erkenntnisse über den Aufbau der Atome in einem Vortrag vor der Literarischen und Philosophischen Gesellschaft in Manchester vor. Zwei Monate später veröffentlichte er sie im ›Philosophical Magazine‹. Obwohl damals die Öffentlichkeit an naturwissenschaftlichen Entdeckungen wie jenen der Röntgenstrahlung oder der Radioaktivität großen Anteil nahm, wurden Rutherfords Theorien zunächst lediglich in Fachkreisen beachtet. Auch er selbst war sich wohl anfänglich der Bedeutung seiner Entdeckung nicht voll bewußt. Er veröffentlichte im Jahr 1913 das Buch ›Radioaktive Stoffe und ihre Strahlungen‹, in dem er auf die Theorie seines Atommodells noch einmal kurz einging und zum ersten Mal das Wort »Atomkern« verwendete. Hier entschied er sich auch eindeutig dafür, daß der Atomkern positiv geladen und von negativen Elektronen umgeben sein mußte, eine Annahme, die sich später als richtig herausstellte.

Aus heutiger Sicht ist die Entdeckung Rutherfords, daß das Atom aus Kern und Hülle besteht und daß seine Masse im positiv geladenen Kern konzentriert ist, einer der wichtigsten Meilensteine auf dem Weg zur modernen Physik. Erst diese Erkenntnis hat es ermöglicht, den Aufbau der Elemente zu begreifen, den radioaktiven Zerfall zu verstehen, die Grundkräfte der Natur zu entschlüsseln und sie für die weitere Forschung sowie für technische Anwendungen zu nutzen. Ernest Rutherford selbst ahnte diese Bedeutung seiner Ideen später sehr wohl. 1932 schrieb er in einem Brief an Hans Geiger: »Das waren damals schöne Tage in Manchester, und wir leisteten mehr, als wir wußten.«

Der Blick ins Innerste der Materie

»Haben Sie eines gesehen?« raunzte der gefürchtete Physik-professor Ernst Mach noch Ende des letzten Jahrhunderts jeden an, der es wagte, von Atomen zu sprechen. Er wandte sich grundsätzlich gegen die Tendenz, Naturerscheinungen durch theoretische mechanische Modelle zu erklären, und die Atom-theorie, die sich damals insbesondere bei Chemikern großer Beliebtheit erfreute, war ihm dabei ein besonderer Dorn im Auge.

Mach würde Augen machen, könnte er in die Labors der heutigen Wissenschaftler schauen. In den neunziger Jahren ist es gelungen, mit dem Raster-Tunnelmikroskop und dem Raster-Kraftmikroskop, beides Erfindungen des deutschen Nobelpreisträgers Gerd Binnig, Atome real abzutasten und sicht-bar zu machen.

Die Ansicht, daß Materie aus Atomen besteht, äußerte als Vermutung schon etwa 400 vor Christus der griechische Philosoph Demokrit. Er versuchte damit die Vielfalt der Erscheinungen in der Welt zu erklären. So schrieb er: »Der gebräuchlichen Redeweise nach gibt es Farbe, Süßes und Bitteres, in Wahrheit aber nur Atome und Leeres.« Jahrhundertelang kümmerten sich die Gelehrten kaum mehr um die Frage nach den Atomen. Man beschäftigte sich mit anderen Vorstellungen wie Felder, Äther, Fluidum und ähnlichem. Erst durch die Chemie, die im 19. Jahrhundert zunehmend an Wissenschaftlichkeit gewann, traten wieder Überlegungen in den Vordergrund, die zurück zu der Überlegung führten, ob es denn nun tatsächlich Atome gebe. So verdichtete sich diese Vorstellung nach und nach zur Gewißheit, denn in den verschiedensten Bereichen der Wissenschaft hatte man experimentelle Beweise gefunden, daß es kleinste Bausteine der Materie geben müßte. So entdeckte man, daß sich bestimmte Elemente immer im Verhältnis ganzer Zahlen miteinander verbinden, beispielsweise ein Liter Sauerstoff mit zwei Litern Wasserstoff zu einem Liter Wasserdampf. Auch für die Gewichtsverhältnisse ergaben sich ähnliche Zahlenspielereien. Sie konnten eigentlich nur dadurch erklärt werden, daß man davon ausging, daß sich Atome in genau festgelegten Verhältnissen chemisch miteinander verbinden. Man nannte nun übrigens die Verbindung von Atomen »Moleküle«. Außerdem legten die Experimente die Annahme nahe, daß in jedem Gas mit gleichem Volumen gleich viele Teilchen vorhanden sein müßten, vorausgesetzt, die Gase besitzen die gleiche Temperatur und den gleichen Druck. Diese Regel wurde später bestätigt und ist heute als »Avogadrosches Gesetz« bekannt.

Dem Österreicher Johann Joseph Loschmidt gelang es schließlich als erstem, die Anzahl der Teilchen in einem Liter Gas zu ermitteln: Es sind 26,87 mal 10^{21} Moleküle. Dies ist eine ungeheuer große Zahl, und sie vermittelt auch eine Vorstellung davon, wie winzig die Atome und Moleküle sein müssen.

Der Astronom Rudolf Kippenhahn illustriert die Winzigkeit der Moleküle und ihre riesige Zahl in seinem Buch ›Atom‹ mit zwei sehr anschaulichen Beispielen: »Man schütte ein Glas Wasser ins Meer und rühre in allen Ozeanen der Welt gut um. Wenn man danach etwa vor Australien wieder ein Glas Wasser aus dem Meer schöpft, so enthält es etwa zweihundert Moleküle des vorher hineingegossenen Wassers.« Und das zweite Beispiel: »Als Gajus Julius Cäsar vor seiner Ermordung im Jahr 44 vor Christus die berühmten Worte ›Auch du, mein Sohn Brutus‹ sprach, blies er damit vielleicht einen Viertelliter Atemluft ins Freie. Die Moleküle von damals vermischten sich mit der Erdatmosphäre. Wir nehmen mit jedem zweiten Atemzug ein Molekül der letzten Worte Cäsars auf.«

Eine folgenschwere Zufallsentdeckung

1869 hatten der Russe Dimitrij Iwanowitsch Mendelejew und der Deutsche Julius Lothar Meyer unabhängig voneinander das Periodensystem der chemischen Elemente entwickelt (siehe hierzu S. 108/109). Es stellte ein Schema dar, in dem die bis dahin bekannten chemischen Elemente nach bestimmten Kriterien geordnet wurden. Eines dieser Kriterien war ihr Atomgewicht. Hinzu kamen Erkenntnisse über ihr chemisches Verhalten und ihre physikalischen Eigenschaften. So hatte man beispielsweise erkannt, daß Fluor, Chlor, Brom und Jod ähnliche Eigenschaften aufwiesen. Entsprechendes gilt für die Elemente, die wir heute die »Edelgase« nennen. Mendelejew und Meyer setzten die Elemente mit ähnlichen Eigenschaften untereinander und ordneten sie ansonsten in waagerechten Zeilen gemäß ihrer Ordnungszahl (der Protonenzahl) an. Vor allem Mendelejew konnte aus seinem Schema Behauptungen theoretisch herauslesen, die zum Teil erst viel später bewiesen werden konnten. So fand er Lücken in diesem Periodensystem und prophezeite Elemente mit bestimmten Eigenschaften, die genau in diese Lücken passen würden. Und er erfand wohlklingende Namen für sie: Ekabor, Ekaaluminium und Ekasilizium. In der Tat konnte er noch miterleben, wie die von ihm vorhergesagten Elemente zwischen 1879 und 1886 gefunden wurden. Das Ekabor heißt heute Scandium, das Ekaaluminium heißt Gallium, und Ekasilizium ist heute als Germanium bekannt. Das Periodensystem der Elemente hatte sich also als Ordnungsschema bewährt.

Die tatsächliche Ordnung, die hinter diesem Tableau steckt, war damals allerdings noch nicht einmal in Ansätzen bekannt. Keiner der Beteiligten hatte eine Ahnung davon, daß Atome aus Kern und Hülle bestehen könnten, daß ihr Gewicht vom Kern bestimmt würde, aber ihre chemischen Eigenschaften von der Hülle, und daß beide Charakteristika im Periodensystem berücksichtigt wurden. Erst Jahrzehnte später gelang es bedeutenden Forschern, Licht in das Dunkel der atomaren Geheimnisse zu bringen. Man muß sich die Situation vor Augen führen: Es war nur das eine sicher, daß Atome so winzig sind, daß man sie nicht sehen kann. Wenn man sich also daranmachte, ihre Eigenschaften zu erforschen, war man gezwungen, die Materie gleichsam als »Black Box«, als schwarzen Kasten anzusehen, in dessen Innerem man Atome vermutete.

Nähere Einzelheiten erfuhr man jedoch nur durch mehr oder weniger blindes Herumtasten in diesem schwarzen Kasten. So galt es, möglichst raffinierte Versuchsanordnungen zu ersinnen, mit deren Hilfe man der Black Box namens Materie ihre Geheimnisse entlocken konnte.

Zunächst aber kam die Natur den Forschern ein großes Stück entgegen: Gegen Ende des vergangenen Jahrhunderts wurden nämlich Phänomene entdeckt, die Kunde gaben aus dem Innersten der Materie. Es handelte sich um verschiedene Arten von Strahlung, die von einigen Stoffen ausging.

Es begann mit einer Zufallsentdeckung im Jahr 1895: Wilhelm Conrad Röntgen experimentierte in seinem Labor an der Universität Würzburg mit verschiedenen Entladungsröhren, die er mit schwarzem Papier umgab. Nach dem Einschalten der Hochspannung bemerkte er einen grünlichen Schimmer von einem benachbarten Arbeitstisch. Dieses Leuchten verschwand jedoch wieder, wenn er die Elektronenröhre abschaltete. Das Verdienst Röntgens ist es, daß er der unerwarteten Erscheinung und ihrer Ursache auf den Grund ging. Schnell stellte er fest, daß das Leuchten von fluoreszierenden Kristallen ausging, die zufällig dort lagen. Möglicherweise, so vermutete er, hatten die sogenannten Kanalstrahlen, die aus der Röhre kamen und auf die Kristalle auftrafen, das Leuchten verursacht.

Als Röntgen nun jedoch versuchte, diese Strahlen abzuschirmen, indem er ein Buch zwischen Röhre und Kristall hielt, mußte er zu seinem Erstaunen feststellen, daß die Kristalle trotzdem wieder zu leuchten begannen. Es mußte sich also um eine andersartige Strahlung handeln, denn die Elektronen aus der Röhre konnten ein Buch nicht durchdringen. Systematisch untersuchte Röntgen nun, welche Materialien diese neue Strahlung, die er X-Strahlung nannte, hindurchließen oder abschirmten.

Die Strahlen durchdrangen Holz, Glas, Elfenbein, Hartgummi und andere leichtere Materialien. Lediglich Blei und Platin vermochten sie aufzuhalten. Außerdem fand Röntgen, daß Fotoplatten von den Strahlen geschwärzt wurden. Er begann nun, alle möglichen Objekte zu bestrahlen und zu fotografieren, unter anderem die Hand seiner Ehefrau Bertha. Das inzwischen weltberühmte Bild vom 22.12.1895 zeigt deutlich die Knochen und den Ehering.

In seiner Veröffentlichung vom 28.12.1895 schrieb der Forscher: »Läßt man durch eine Hittorfsche Vakuumröhre oder einen genügend evakuierten Lenardschen, Crookeschen oder ähnlichen Apparat die Entladung eines größeren Ruhmkorffs gehen, bedeckt die Röhre mit einem ziemlich enganliegenden Mantel aus dünnem schwarzen Karton, so sieht man in dem vollständig verdunkelten Zimmer einen in die Nähe des Apparats gebrachten, mit Bariumplatincyanür angestrichenen Papierschirm bei jeder Entladung hell aufleuchten, fluoreszieren, gleichgültig, ob die angestrichene oder die andere Seite des Schirmes dem Entladungsapparat zugewendet ist. Die Fluoreszenz ist noch in zwei Meter Entfernung vom Apparat bemerkbar.«

Wilhelm Conrad Röntgen selbst, der 1901 den ersten Nobelpreis für Physik erhielt, glaubte, es handle sich bei den von ihm entdeckten Strahlen um Ätherwellen. Heute wissen wir, daß die Röntgenstrahlen – wie sie anläßlich eines öffentlichen

Vortrages im Januar 1896 genannt wurden – elektromagnetische Wellen sind, ähnlich den Radio-, Licht- oder UV-Strahlen. Den Beweis dafür erbrachten aber erst im Jahr 1912 zwei Forscher in München.

Der französische Gelehrte Antoine Henri Becquerel hörte in einer Sitzung der Pariser Académie des Sciences am 20. Januar 1896 zum ersten Mal von Röntgens neu entdeckter Strahlung. Der Professor galt als anerkannter Fachmann auf dem Gebiet der Fluoreszenz, zusammen mit seinem Vater hatte er seit Jahren damit experimentiert. Seine Neugier war nun geweckt, und er verpackte eine unbelichtete Fotoplatte in schwarzes, lichtdichtes Papier, legte ein Kupferkreuz darauf und streute darüber der Reihe nach alle ihm bekannten fluoreszierenden Substanzen. Dann setzte er das Paket jeweils der Sonnenstrahlung aus, denn Fluoreszenz benötigt zu ihrer Anregung Licht.

Das Ergebnis der Experimente war durchweg negativ, mit einer Ausnahme: Wenn er Uransalz auf das Paket streute, zeigte sich nach dem Entwickeln auf der Fotoplatte der Schatten eines Kreuzes. Angeblich wollte Becquerel das Phänomen weiter untersuchen und präparierte dazu mehrere Fotoplatten mit Uransalz. Da das Wetter trüb war, legte er sie in eine Schublade.

Bei einer Überprüfung stellte er zu seiner Überraschung fest, daß auch diese Platten den Schatten des Kreuzes zeigten, ohne daß sie in der Sonne gelegen hatten. Es mußte sich also nicht um die erwartete Lumineszenzstrahlung handeln, sondern um eine ständig vorhandene, selbsttätige Ausstrahlung des Urans.

Becquerel führte für diese Erscheinung den Namen »Radioaktivität« ein. Er nahm zunächst an, daß es sich dabei um eine den Röntgenstrahlen ähnliche Strahlung handelte. Heute wissen wir, daß dies nicht stimmt. Die Schwärzung der Fotoplatten war durch Betastrahlung verursacht worden.

Becquerel teilte seine Entdeckung sofort seinen Kollegen von der Akademie mit, und noch im Februar 1896 wurde darüber in den Schriften der Akademie berichtet. Weitere Untersuchungen ergaben, daß die Strahlung nicht nur Fluoreszenz auslöste und Fotoplatten schwärzte, sondern auch die Luft leitend machte. Diese Erkenntnis, die ebenfalls Becquerel zu verdanken war, wurde zur Grundlage der Meßmethoden für die radioaktive Strahlung.

1928 veröffentlichte der Professor für Experimentalphysik an der Universität Kiel, Hans Geiger, zusammen mit seinem Assistenten Walther Müller in der ›Physikalischen Zeitschrift‹ einen Aufsatz von nicht einmal drei Seiten Umfang, der den schlichten Titel hatte: ›Das Elektronenzählrohr‹. Was die beiden Forscher in diesem Bericht beschrieben, war das Ergebnis einer zwanzigjährigen Entwicklung und machte später Karriere wie kaum ein anderes physikalisches Gerät: der »Geigerzähler« oder, offiziell ausgedrückt, das »Geiger-Müller-Zählrohr«.

Im Prinzip besteht ein solches Meßgerät aus einem Metallrohr von einigen Zentimetern Durchmesser, das mit dem Edelgas Argon gefüllt ist. Die Achse des Rohres bildet ein dünner Draht aus Wolfram oder Stahl. Zwischen dem Gehäuse und dem davon isolierten Draht liegt eine elektrische Spannung an, und zwar so, daß der Draht positiv, das Gehäuse negativ geladen ist. Die Gasatome, die sich zwischen Gehäuse und Draht befinden, sind elektrisch neutral und reagieren zunächst auf diese Spannung nicht. Fliegt nun ein Teilchen der Betastrahlung – wie wir heute wissen, ein Elektron – durch den gasgefüllten Innenraum, stößt es auf seinem Weg mit Gasatomen zusammen. Die Wucht der Zusammenstöße ist so groß, daß aus der Atomhülle ein Elektron herausgeschlagen wird, so entsteht ein positiv geladenes Ion und ein freies Elektron. Auf dem Weg der Betateilchen quer durch das Rohr ereignen sich viele solcher Ionisationen, und die dabei entstehenden Elektronen werden von dem positiv geladenen Draht angezogen, die positiven Ionen hingegen von der negativ geladenen Wand des Rohres. Dadurch vermindert sich die angelegte Spannung, dies kann man durch ein Meßgerät nachweisen. Die bei den Stößen freigesetzten Elektronen können ihrerseits eine ganze Lawine freisetzen, wenn sie auf ihrem Weg zum Draht mit weiteren Gasatomen zusammenstoßen. Der Geigerzähler braucht nach jedem Meßvorgang erst eine bestimmte Zeit, um sich zu »erholen« und die ursprüngliche Spannung wiederaufzubauen. Diese Zeit beträgt etwa eine Tausendstelsekunde, so daß man mit einem normalen Geiger-Müller-Zählrohr nicht mehr als etwa tausend Impulse pro Sekunde zählen kann. Wenn mehr Teilchen ankommen, gehen sie einfach in der Lawine unter.

Vielfältige Weiterentwicklungen dieses Grundtyps eines Meßgeräts wurden darauf ausgelegt, daß nicht nur Elektronen, sondern auch andere Strahlungsarten und höhere Zählraten möglich wurden. Die moderne Elektronik, die es erlaubt, in extrem kurzer Zeit winzige Signale zu verstärken und die einzelnen Impulse voneinander zu trennen, tat ein übriges. Heute verbindet man Geigerzähler meist mit einer akustischen Anzeige, so daß beim Einfall eines jeden Teilchens ein Knacken zu hören ist.

Eine andere Möglichkeit, radioaktive Teilchen zu detektieren, ist der sogenannte Szintillationszähler. Der Berliner Erich Regener hatte entdeckt, daß ein Zinksulfid-Kristall kurz aufblitzte, wenn ein Alphateilchen darauffiel. In den Anfangszeiten der Kernphysik verdarben sich viele Forscher die Augen damit, in abgedunkelten Kammern zu sitzen und die winzigen Blitze, zum Teil unter dem Mikroskop, zu zählen. Die heutigen Geräte verstärken die Lichtblitze über Fotozellen und elektronische Verstärker.

Becquerels Entdeckung entwickelte sich zu einer wissenschaftlichen Sensation, denn sie galt nicht nur als weiterer Beweis für die Existenz von Atomen, sondern auch dafür, daß diese nicht unteilbar sind. Man sprach zunächst von »Becquerel-Strahlung«, und Uran war nun plötzlich ein sehr gefragtes Element.

Die radioaktive Strahlung des Urans hat nur eine außerordentlich geringe Intensität, deshalb war es schwierig, damit exakte Experimente durchzuführen. Die beiden Pariser Forscher Pierre und Marie Curie fanden jedoch bald eine ähnliche Strahlung beim natürlichen Thorium, und schließlich entdeckten sie, daß das unter dem Namen Pechblende bekannte Uranmineral eine wesentlich höhere Aktivität zeigte, als man aufgrund seines Urangehalts erwarten durfte. Diese Substanz mußte also neben Uran noch einen weiteren radioaktiven Stoff enthalten. So entdeckte das Forscherpaar zunächst das Polonium und später eine Substanz, die es »Radium« nannte.

Der Weg zu dieser Entdeckung war außerordentlich mühselig. Aus einer Tonne Abraum, der bei der Urangewinnung anfiel, isolierte Marie Curie in körperlicher Schwerstarbeit die strahlenden Substanzen. Sie beschrieb ihre Arbeit später so: »Ich habe bis zu zwanzig Kilogramm Substanz auf einmal verarbeitet. Wir mußten in unserem Schuppen riesige Behälter aufstellen, die Flüssigkeiten und Bodensatz enthielten. Diese Behälter von einer Stelle zur anderen zu tragen und deren Inhalt umzugießen, war eine kräftezehrende Arbeit. Auch das stundenlange Kochen dieser Massen und das unaufhörliche Rühren mit einem Eisenstab ermüdeten mich.« Ihre Gesundheit war ohnehin nicht sonderlich robust, und so grenzt es fast an ein Wunder, daß es ihr gelang, neben ihrer wissenschaftlichen Arbeit, die schließlich mit zwei Nobelpreisen geehrt wurde, auch noch zwei Töchter aufzuziehen.

Bei ihren chemischen Analysen fanden die Curies heraus, daß ein Teil der radioaktiven Substanzen beim Einleiten von Schwefelwasserstoff als Sulfit ausgefällt wurde. Die weiteren Untersuchungen ergaben ein chemisches Verhalten dieser Stoffe, das dem des Wismuts sehr ähnlich war. Die beiden nannten die Substanz Polonium, nach Polen, der Heimat Marie Curies. Der andere Teil der radioaktiven Substanzen war dem Barium chemisch sehr ähnlich und konnte zusammen mit diesem Element praktisch vollständig abgeschieden werden. Dieses neue radioaktive Element nannten die beiden »Radium«. Es gelang ihnen, etwa hundert Milligramm der Substanz rein herzustellen, und sie konnten daraus das Atomgewicht bestimmen.

Erschwerend für die Versuche war, daß beim Zerfall des Radiums das ebenfalls radioaktive Gas Radiumemanation entsteht, das nicht nur besonders gesundheitsschädlich ist, sondern dessen radioaktive Zerfallsprodukte sich überall niederschlagen, so daß in den Laborräumen schließlich korrekte Strahlungsmessungen nicht mehr möglich waren.

Die Frage, die damals die Forscher beschäftigte, war einerseits, welcher Art die radioaktive Strahlung ist, andererseits aber auch, woher ihre Energie rührt. Immerhin hatte man bis dahin den Energieerhaltungssatz für ein fundamentales Naturgesetz gehalten. Er sagt aus, daß Energie nicht neu entstehen, aber auch nicht vernichtet werden kann. Ein Körper kühlt sich ab und erwärmt dabei seine Umgebung. Radioaktive Stoffe hingegen bleiben immer gleich warm und senden trotzdem energiereiche Teilchen aus, gleichzeitig erwärmen sie die Umgebung.

Auch für Marie Curie stand diese Frage im Vordergrund. Rückblickend schrieb sie später: »Es galt also, die Herkunft der übrigens sehr geringen Energie zu untersuchen, die von dem Uran in Form von Strahlung ständig ausgesandt wurde. Die Erforschung dieser Erscheinung erschien uns ungewöhnlich interessant, um so mehr, da dieses Problem völlig neu und noch nirgends beschrieben worden war.« Der amerikanische Flugpionier und Astrophysiker Samuel Pierpont Langley fand für das seltsame Verhalten des Radiums drastische Worte:

»Radium verleugnet Gott – oder – die wissenschaftliche Wahrheit.« Heute wissen wir, daß die Energie, die das Radium nicht abkühlen läßt, durch den Zerfall seiner radioaktiven Atome entsteht.

Albert Einstein, der heute vielfach als der berühmteste Physiker der Welt angesehen wird, beschäftigte sich von 1902 an, als er im Patentamt in Bern angestellt war, mit theoretischen Problemen der Physik. Im Jahr 1905 entstanden im März, Mai und Juni drei Arbeiten, von denen jede einzelne wohl genügt hätte, Einstein unsterblich zu machen. Für die erste erhielt er 1921 den Nobelpreis. In der dritten mit dem Titel ›Zur Elektrodynamik bewegter Körper‹ entwickelt Einstein die spezielle Relativitätstheorie mit der berühmten Formel $E = mc^2$, die zum Ausdruck bringt, daß Masse und Energie äquivalent sind. In dieser Formel liegt auch die Erklärung begründet, warum die Energie radioaktiver Stoffe unbegrenzt erscheint. Vergleicht man nämlich die Masse der Ursprungsstoffe mit jener der Endprodukte bei einem radioaktiven Zerfall, stellt man fest, daß die Endprodukte geringfügig leichter sind als die Ausgangsprodukte. Dieser Unterschied in der Masse wurde gemäß Einsteins Formel in Energie verwandelt. Da c^2, also das Quadrat der Lichtgeschwindigkeit, eine ungeheuer große Zahl ist (die Lichtgeschwindigkeit beträgt etwa 300 000 Kilometer pro Sekunde), entsteht bereits aus sehr wenig Materie sehr viel Energie.

Henri Becquerel erhielt für die Entdeckung der Radioaktivität im Jahr 1903 den Nobelpreis für Physik, gemeinsam mit dem Ehepaar Curie. Eigentlich hätten die drei aber auch den Nobelpreis für Medizin verdient: Unabhängig voneinander hatten sie am eigenen Körper die physiologische Wirkung der Strahlen entdeckt. Anläßlich eines Besuches hatte Becquerel von Marie Curie eine kleine Menge Radium erhalten. Das achtlos in seine Westentasche gesteckte Glasröhrchen hatte er bereits vergessen, als sich nach einigen Tagen an seinem Körper schwere Verbrennungen zeigten. Marie Curie, der er davon erzählte, gestand, daß auch sie Verbrennungen an den Händen erlitten habe, als sie mit Radiumpräparaten gearbeitet hatte. Ihr Ehemann griff diese Frage auf und bestätigte durch einen Selbstversuch die zerstörerische Wirkung radioaktiver Strahlung auf biologisches Gewebe. Eine gemeinsame Veröffentlichung der drei Forscher führte später zur Strahlentherapie des Krebses.

Tragischerweise starb Marie Curie selbst an dieser Krankheit, genauer gesagt, an Leukämie, denn sie hatte zeit ihres Lebens mit radioaktiven Stoffen gearbeitet, ohne ihren Körper ausreichend davor zu schützen.

Geheimnisvolle Strahlen

Die Entdeckung der Radioaktivität erregte großes Aufsehen, und viele Wissenschaftler warfen sich mit Feuereifer auf die Erforschung dieses neuen Phänomens. Logischerweise faszinierte diese Strahlung auch den noch jungen Experimentator Ernest Rutherford, der zu jener Zeit ein Stipendium am Cavendish-Laboratorium in Cambridge hatte.

Er begann mit der systematischen Untersuchung der radioaktiven Strahlung, und fand bald heraus: »Diese Experimente zeigen, daß die Uranstrahlung zusammengesetzt ist und daß es wenigstens zwei verschiedene Arten von Strahlung gibt – die eine, die sehr leicht absorbiert wird, soll Alphastrahlung genannt werden, und die andere, die eine größere Durchdringungskraft hat, wird Betastrahlung genannt.« Alpha (α) und Beta (β) sind die ersten beiden Buchstaben des griechischen Alphabets.

Diese Klassifizierung hat sich bis heute erhalten, und sie wurde im Jahr 1903 durch Rutherford selbst noch ergänzt

Alpha-, Beta- und Gammastrahlung

Bei der radioaktiven Strahlung unterscheidet man drei grundsätzlich verschiedene Arten. Alphastrahlung besteht aus Heliumkernen, also aus je zwei Protonen und Neutronen. Da Alphastrahlen leicht abgeschirmt werden können – meist genügt schon die Kleidung oder ein Blatt Papier –, sind sie für den Menschen nicht sehr gefährlich. Alphastrahlen stellen aber eine Bedrohung der Gesundheit dar, wenn man sie inkorporiert, also einatmet oder schluckt.

Betastrahlen hingegen bestehen aus Elektronen, die von radioaktiven Stoffen ausgesandt werden. Sie verursachen Strahlenschäden bei allen Lebewesen, ihre Reichweite ist aber nicht sehr hoch: Sie können durch 1,3 Meter Luft, 1,5 Zentimeter Wasser oder wenige Millimeter dicke feste Stoffe abgeschirmt werden.

Die gefährlichste radioaktive Strahlung ist die Gammastrahlung, sie besteht ebenso wie die Röntgenstrahlung aus elektromagnetischen Wellen. Gammastrahlung entsteht jedoch im Atomkern – im Gegensatz zur Röntgenstrahlung, die aus der Elektronenhülle stammt. Gammastrahlen sind sehr durchdringend, dies liegt an ihrer hohen Energie, und lassen sich nur schwer abschirmen, etwa durch meterdicke Blei- oder Stahlbetonwände.

Die Wirkung aller drei Strahlenarten wird durch ihre Energie charakterisiert. Man mißt die sogenannte Dosis. Sie gibt an, welche Strahlenschäden durch die gemessene Strahlenmenge zu erwarten sind. Die Einheiten hierfür sind Gray und Sievert.

durch die sogenannte Gammastrahlung (γ), die der Röntgenstrahlung sehr ähnlich ist und zunächst nur als »sehr durchdringende Strahlung« bezeichnet wurde. Wir wissen heute, daß die Alphastrahlung aus Heliumkernen besteht, das heißt, sie ist eine Partikelstrahlung. Jedes Alphateilchen besteht aus zwei Protonen und zwei Neutronen und ist deshalb zweifach positiv geladen. Da diese Teilchen verhältnismäßig schwer sind, können sie leicht abgeschirmt werden. Sie können bereits Papier oder Stoff nur noch schlecht durchdringen; in Luft beträgt ihre Reichweite nur wenige Zentimeter. Rutherford hatte diese Teilchen als Heliumkerne identifiziert, indem er Radium, einen Alphastrahler, in einem Glasröhrchen zerfallen ließ und danach den Inhalt des Röhrchens analysierte. Er fand heraus, daß sich Helium gebildet hatte. Der Forscher benutzte die Alphateilchen für viele Experimente, unter anderem auch für sein weltberühmtes Streuexperiment, bei dem er den Atomkern entdeckte.

Betastrahlen bestehen aus Elektronen. Diese sind wesentlich leichter und kleiner und können deshalb Materie besser durchdringen. Um sie abzuschirmen, muß man relativ dicke Wände benutzen.

Gammastrahlen schließlich stellten sich als elektromagnetische Strahlung heraus. Sie ähneln in ihrer Natur den Röntgenstrahlen, sind aber noch energiereicher. Sie abzuschirmen ist schwierig, nur dicke Blei- oder andere Schwermetallplatten vermögen vor Gammastrahlen einen gewissen Schutz zu bieten. Viele radioaktive Stoffe senden alle drei Strahlungsarten gemeinsam aus, so auch Uran.

Bei einem weiteren radioaktiven Gas, das Rutherford entdeckte, der sogenannten Thoriumemanation, die heute Radon heißt, fiel ihm auf, daß dessen Aktivität nach kurzer Zeit nachließ. Selbstverständlich ging er auch diesem Phänomen systematisch auf den Grund, und so konnte er 1906 berichten: »In den ersten 54 Sekunden ist die Aktivität auf den halben Wert zurückgegangen; in der doppelten Zeit, das heißt in 108 Sekunden, ist die Aktivität auf ein Viertel ihres Wertes zurückgegangen, in 162 Sekunden auf ein Achtel ihres Wertes und so weiter. Dieses Nachlassen der Aktivität der Thoriumemanation ist ein charakteristisches Merkmal und dient als sicheres physikalisches Verfahren zum Unterscheiden der Thoriumemanation von der des Radiums oder Aktiniums.«

Die mathematische Analyse eines derartigen Verhaltens zeigt, daß es immer dann zu erwarten ist, wenn das Nachlassen der Aktivität zu jedem Zeitpunkt genau proportional der Aktivität und damit proportional der noch vorhandenen radioaktiven Atome ist.

Die Abnahme der Strahlungsintensität folgt damit einem Exponentialgesetz. Die Zeit, in der unter diesen Umständen die Aktivität auf die Hälfte fällt, ist immer gleich, und man nennt sie Halbwertszeit. Sie hat für jede Substanz einen charakteristischen Wert, der zwischen Sekundenbruchteilen und Milliarden von Jahren liegen kann. Die Halbwertszeit für Thorium und Uran liegt beispielsweise in der Größenordnung von Hunderten von Millionen Jahren.

Zusammen mit dem sechs Jahre jüngeren Chemiker Frederick Soddy arbeitete Rutherford intensiv an der Erforschung der Radioaktivität, und gemeinsam gelangen ihnen Einsichten, die eine Revolution der bis dahin bestehenden Vorstellungen von der Natur der Atome verursachten. Die beiden Forscher legten ihre Erkenntnisse in zwei Arbeiten nieder, die mit dem Titel ›Die Ursache und Natur der Radioaktivität‹ überschrieben waren. Schon in der Einleitung sagten die Verfasser: »Es wurde gezeigt, daß Radioaktivität von elektrischen Veränderungen begleitet ist, bei denen fortlaufend neue Arten von Materie erzeugt werden.« Diese Idee war umstürzlerisch, hatte man doch bis zu diesem Zeitpunkt daran geglaubt, daß seit dem Schöpfungstag keine neuen Arten von Materie entstanden waren.

Die beiden Forscher waren durch die Beobachtung von Thorium zu ihren Erkenntnissen geführt worden: Sie fanden

Exponentialgesetz und Halbwertszeit

Die Beobachtung der Radioaktivität bei allen strahlenden Substanzen zeigt, daß die Aktivität in gleichen Zeiträumen immer um den gleichen Faktor abnimmt, beispielsweise alle vier Tage auf die Hälfte absinkt. Faßt man dies in eine mathematische Formel, ergibt sich für die Anzahl der radioaktiven Kerne zu einer bestimmten Zeit die Vorschrift:

$$N(t) = N(0) \cdot e^{-lt}$$

N(t) ist die Anzahl der radioaktiven Kerne zum Zeitpunkt t. N(0) ist die Anzahl der radioaktiven Kerne zum Zeitpunkt t = 0. t ist die Zeit, l ist die sogenannte Zerfallskonstante, sie gibt die Wahrscheinlichkeit für einen radioaktiven Zerfall pro Zeiteinheit an. Diese Konstante ist charakteristisch für das jeweilige Element. Aus der hier gezeigten Formel ergibt sich, daß die Radioaktivität eines Elements immer die gleiche Zeit benötigt, um auf die Hälfte abzufallen. Man nennt diese Zeit die Halbwertszeit. Je nach Element liegt diese Zeit zwischen Sekundenbruchteilen (Bor 9 hat eine Halbwertszeit von nur $5 \cdot 10^{-21}$ Sekunden) und extrem langen Zeiträumen (Blei 204 zum Beispiel hat eine Halbwertszeit von $1{,}4 \cdot 10^{17}$ Jahren).

heraus, daß die Radioaktivität dieses Elements durch chemische Verfahren zum größten Teil entfernt werden konnte, beispielsweise durch Ausfällen mit Ammoniak. Sie nannten den Stoff, der dabei isoliert wurde, Thorium X. Er besaß eine Halbwertszeit von etwa vier Tagen.

Nach dieser Zeit hatte auch das zurückbleibende Thorium seine halbe Aktivität wiedergewonnen. Rutherford und Soddy konnten nun zeigen, daß diese neu gewonnene Aktivität des

Thoriums dadurch entstanden war, daß es kontinuierlich neues Thorium X bildete, das dann mit vier Tagen Halbwertszeit wieder zerfiel.

Der wesentliche Punkt der Theorie war also, daß Thorium X ein eigenes Element war, das sich von Thorium unterschied. Außerdem schien es, daß die Neubildung von Thorium X nur durch die Verwandlung von Thorium zu erklären war. Die beiden Forscher schrieben: »Da deshalb die Radioaktivität eine Eigenschaft des Atoms ist und von chemischen Veränderungen begleitet wird, bei denen neue Arten von Materie entstehen, müssen diese Veränderungen im Inneren des Atoms stattfinden, und die radioaktiven Elemente müssen spontanen Umwandlungen unterworfen sein.«

Dies war eine hellsichtige Theorie, wie wir heute wissen, eine Theorie, die um so erstaunlicher erscheint, wenn man bedenkt, daß Rutherford und Soddy ihre Erkenntnisse im Grunde nur durch Beobachten der Strahlung gefunden hatten, die aus der Black Box namens Materie herauskam.

Heute, rund neun Jahrzehnte später, ist längst durch vielfältige Experimente bewiesen, was Rutherford und Soddy einst nur vermuteten: Elemente verwandeln sich durch die Aussendung radioaktiver Strahlung in andere Elemente, zum Teil über viele Zwischenschritte hinweg.

So endet beispielsweise die Zerfallsreihe des Uran am Ende immer mit Blei. In den Jahren 1911 bis 1913 wurden nach und nach die drei Zerfallsreihen von Uran-Radium, Aktinium und Thorium erforscht und die Gesetzmäßigkeiten herausgearbeitet, die hinter den Umwandlungen stehen. Wenn beispielsweise ein Kern ein Alphateilchen aussendet, verringert sich sein Atomgewicht um vier Einheiten, seine Ordnungszahl um zwei. Es rutscht also im Periodensystem der Elemente um zwei Stellen nach links. Emittiert ein Kern hingegen ein Betateilchen, also ein Elektron, verändert sich sein Atomgewicht nicht (die geringe Masse des Elektrons ist hier unbedeutend), aber seine Ordnungszahl erhöht sich um eins. Bei der Gammastrahlung bleiben sowohl Ordnungszahl als auch Atomgewicht erhalten.

Die Erforschung des Atoms

Logischerweise erhielten nun Theorien über die Natur der Atome wieder neuen Auftrieb. Das Thomsonsche Atommodell, das davon ausging, daß das Atom aus einer positiv geladenen Kugel bestand, in die negative Elektronen zum Ausgleich der Ladung wie Rosinen in einen Teig eingebettet seien, war immerhin in der Lage, eine ganze Reihe vorher unerklärlicher Phänomene zu deuten: beispielsweise die Tatsache, daß Atome Alpha- und Betastrahlung emittieren können, aber auch die Erkenntnis, daß es positive und negative Ionen gibt. Diese konnte man sich dadurch erklären, daß Elektronen aus dem Atom herausfliegen, aber auch dort eindringen können. Damit erhält das Atom zusätzliche negative Ladungen und wird zu einem negativen Ion, oder es verliert eine negative Ladung und wird insgesamt positiv.

Andere experimentelle Befunde – wie etwa die charakteristischen Spektrallinien des Wasserstoffs – konnten jedoch weder mit diesem noch mit dem Lenardschen Atommodell erklärt werden, so daß erst Rutherfords geniales Experiment, das im vorhergehenden Kapitel geschildert wurde, und seine Analyse die Theorie ein Stück weiterbrachten. Nachdem nun also Rutherford die Idee von Atomkern und Elektronenhülle ins Spiel gebracht hatte, begannen die Wissenschaftler neue Fragestellungen zu untersuchen. Man begnügte sich nicht mehr damit, nur die Strahlung zu untersuchen, die von selbst aus den Atomen hervordrang, sondern man versuchte nun, sozusagen Sonden zu finden, mit denen man im Inneren der Black Box

Vier verschiedene Atommodelle

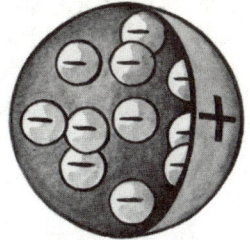

J. Arthur Thomson (1898):
positive Kugel, die negative
Ladungen enthält.

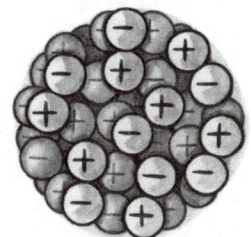

Philipp Lenard (1903):
Mehrere Paare von je einer
negativen und einer positiven
Ladung bilden in Kugelform
zusammengedrängt ein Atom.

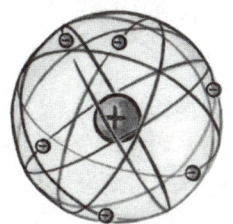

Ernest Rutherford (1911):
Elektronen kreisen in verhältnismäßig großem Abstand um
einen positiv geladenen Kern.

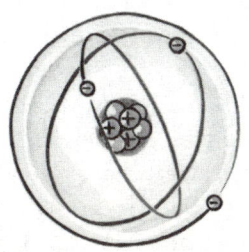

Niels Bohr (1913):
Die Elektronen kreisen in verhältnismäßig großem Abstand
auf ganz bestimmten Bahnen
um den Kern, der aus Protonen
und Neutronen besteht.

herumstochern konnte. Das Beschießen der Atome mit Alphateilchen entwickelte sich zu einem wichtigen Hilfsmittel.

Die genaue Auswertung solcher Experimente zeigte beispielsweise, daß die elektrische Ladung der Atomkerne immer ein ganzzahliges Vielfaches eines bestimmten Betrages, nämlich der elektrischen Elementarladung war, die auch das Elektron aufwies. Damit lag die Vermutung nahe, daß der Kern aus gleichartigen Bausteinen bestehe, die jeweils die gleiche Ladung trügen.

Außerdem ermöglichte diese Entdeckung, die Atome der einzelnen Elemente durchzunumerieren. Man nannte die Nummer »Atomzahl«, und die so entstandene Ordnung entsprach in wunderbarer Weise dem Periodensystem der Elemente. In diesem stellte das Atomgewicht das Ordnungskriterium dar, bei der Atomzahl hingegen handelte es sich um die Anzahl der positiv geladenen Bausteine des Kerns. Man begriff schnell, daß ein solcher Baustein identisch war mit dem Wasserstoffkern. Rutherford führte den Begriff »Proton« dafür ein. Wie sich später zeigen würde, ist die Atomzahl eine fundamentale Konstante. Sie ist das Charakteristikum für jedes einzelne Element.

Rutherfords Mitarbeiter Frederick Soddy fand bei seinen Untersuchungen 1913 heraus, daß das Atomgewicht eines Elements jedoch nicht immer einem ganzzahligen Vielfachen des Protonengewichts entspricht. So hat beispielsweise Chlor das Atomgewicht 35,453, Silber 107,87. Erst später erkannte man die Ursache für die krummen Atomgewichte: Viele Elemente besitzen unterschiedliche Atomsorten mit unterschiedlichem Gewicht, aber gleichen chemischen Eigenschaften. Sie unterscheiden sich ferner in ihrer Häufigkeit. Bei der Bestimmung des Atomgewichts benutzt man deshalb immer ein Gemisch aus den verschiedenen Atomsorten. Uran hat beispielsweise drei Atomarten, Chlor besteht aus zwei Arten, nämlich einer mit dem Atomgewicht 33 und einer mit dem Atomgewicht 37. Das Edelgas Xenon hat sogar neun verschiedene Abarten. Soddy, der dieses Phänomen entdeckte, schlug dafür den Namen »Isotopie« vor.

Die Isotope eines Elements stehen also auf dem gleichen Platz im Periodensystem und unterscheiden sich auch hinsichtlich ihrer chemischen Eigenschaften nicht. Will man sie voneinander trennen, muß man sich ihre unterschiedlichen physikalischen Eigenschaften zunutze machen, vor allem ihre unterschiedliche Masse. Obwohl dies erst sehr viel später praktisch untersucht wurde, hatte auch hier der berühmte Neuseeländer schon 1914 konkrete Visionen: In einem Vortrag in jenem Jahr faßte Rutherford die Erkenntnisse über die Isotope mit seiner gewohnten Klarheit zusammen. Er sagte: »Es kann zwei Stücke Blei geben, die genau gleich aussehen, obwohl ihre physikalischen Eigenschaften sehr verschieden sein können. Vielleicht glaubt man das jetzt noch nicht, aber später wird man es glauben.«

Wie in den meisten Fällen behielt Rutherford auch in diesem Punkt recht, die Existenz verschiedener Isotope ist heute eine Selbstverständlichkeit. Sie haben gleiche chemische Eigenschaften, aber unterschiedliches Gewicht und – wenn sie radioaktiv sind – unterschiedliche Arten zu zerfallen. Deshalb kann man sie anhand ihrer verschiedenen Halbwertszeiten gut unterscheiden. Nicht radioaktive Isotope lassen sich sehr viel schwieriger voneinander trennen.

Joseph John Thomson und Francis William Aston erprobten diese Methode im Jahr 1913: Man benutzt dazu ein Massenspektrometer, das die Atome nach ihrer Masse aufteilt. Um größere Mengen an reinen Isotopen herzustellen, ist es jedoch nötig, großen technischen Aufwand zu betreiben. Man kann gasförmige Isotope beispielsweise durch Zentrifugieren ganz allmählich voneinander trennen, oder man benutzt die Diffusion durch halbdurchlässige Wände, bei der die leichteren Isotope schneller sind als die etwas schwereren.

Da Atome nach außen hin neutral sind, mußte die Atomhülle zum Ausgleich der elektrischen Ladungen ebenso viele negativ geladene Elektronen enthalten wie der Kern positiv geladene Protonen. Wie die Planeten die Sonne – so glaubte man – umkreisen diese Elektronen den Kern.

Elektronen und Protonen galten fortan als Elementarteilchen, aus denen man sich die Atome zusammengesetzt vorstellte. Die überschüssigen positiven Ladungen im Kern sollten durch Elektronen ausgeglichen werden, die zwischen ihnen saßen.

Damit konnte man auch erklären, warum Atome Betastrahlung, also Elektronen, aussenden konnten. Rutherford selbst war jedoch einer der ersten, die sich von dieser Vorstellung einer Protonen-Elektronen-Welt lösten. Dies geschah aber erst knapp zwanzig Jahre später.

Das Rutherfordsche Atommodell mit seinem positiv geladenen Kern, der von negativen Elektronen umkreist wird, krankte trotz seiner Brillanz von Anfang an daran, daß es nicht erklären konnte, warum die Elektronen auf ihrem Weg um den Kern keine Energie abstrahlten. Denn eines war seit der Theorie des Elektromagnetismus, die der Brite James Clerk Maxwell in den sechziger Jahren des letzten Jahrhunderts entwickelt hatte, klar: Eine bewegte elektrische Ladung sendet eine elektromagnetische Welle aus und verliert damit ständig an Energie. Wenn auch die Elektronen im Atom diesem Naturgesetz gehorchten, würden sie sehr schnell abgebremst werden und auf einer Spiralbahn in den Kern hineinfallen. Nahm man aber an, daß Atome stabil sind, mußte man davon ausgehen, daß hier ein besonderer Mechanismus am Werk war, der die Energieabstrahlung durch die Elektronen verhinderte.

Der junge dänische Physiker Niels Bohr, der 1912 nach Manchester gekommen war, um im Labor des großen Rutherford zu arbeiten, nahm dieses Problem sehr ernst und versuchte, eine Lösung aus dem Dilemma zu finden. Seine Überlegungen gingen von der seltsamen Struktur des Wasserstoffspektrums aus: Wenn Wasserstoffgas zum Beispiel in einer Flamme zum Leuchten gebracht wird, sendet es farbiges Licht aus, das durch ein Prisma in einzelne Linien aufgespalten wird. »Normales« weißes Licht wird durch ein Prisma in die Spektralfarben aufgefächert, nicht in einzelne Linien. Der Schweizer Zahlenakrobatiker Johann Jakob Balmer hatte für die Abstände zwischen diesen sogenannten Wasserstofflinien eine bis dahin unerklärliche Formel gefunden.

Niels Bohr hatte außerdem die Arbeiten des großen Neuerers Max Planck studiert, der die umstürzlerische Erkenntnis vertrat, daß Energie kein Kontinuum sei, sondern in der Natur in Form winziger Pakete vorkam. Vor allem Atome eines glühenden Körpers, so hatte der Gelehrte postuliert, können Licht nicht kontinuierlich, sondern nur in Form bestimmter Energiepakete ausstrahlen, die er Quanten nannte. Die Energie eines Quants sollte mit der Frequenz des Lichts zunehmen, weiße Quanten müßten also energiereicher sein als gelbe oder rote. Planck veröffentlichte diese Theorie am 14. Dezember 1900.

Bohr griff diese Idee auf, paßte sie doch irgendwie zu der Tatsache, daß es auch für Atome besondere Energiezustände geben mußte. Als Bohr Balmers Formel für die Spektrallinien des Wasserstoffs analysierte, erkannte er, daß sie sich auf den Bau des Wasserstoffatoms anwenden ließ, wenn man ganz bestimmte Einschränkungen vornahm. Er formulierte sie in einer Arbeit, die am 5. April 1913 im britischen ›Philosophical Magazine‹ veröffentlicht wurde.

Bohr hielt darin die grundlegende Theorie, daß nämlich die Elektronen den Kern auf bestimmten Bahnen umkreisen, durchaus für richtig. Er stellte aber zusätzlich die Behauptung auf, daß diese Bahnen der Elektronen um den Atomkern zwar mit Hilfe der klassischen Physik beschrieben werden können,

Das Bohrsche Atommodell

Der Physiker Niels Bohr entwickelte das folgende Atommodell, das in Teilen bis heute gültig ist:

Atome bestehen aus Kern und Hülle. Der Atomkern ist positiv geladen, die Hülle besteht aus Elektronen, die den Kern umkreisen. Sie bewegen sich auf Bahnen, bei denen zwischen der Fliehkraft und der elektrischen Anziehung durch den Kern stets Gleichgewicht herrscht. Es sind für die Elektronen aber nur ganz bestimmte Bahnen erlaubt, auf denen sie – entgegen den Vorhersagen der klassischen Physik – keine Energie verlieren. Man nennt diese Bahnen Quantenbahnen, die außen liegenden Bahnen sind energiereicher als die Bahnen weiter innen.

Elektronen können von einer Quantenbahn auf eine andere springen. Springt ein Elektron von einer inneren auf eine äußere Bahn, muß es dazu Energie aufnehmen, fällt es von einer äußeren Bahn auf eine innere, gibt es Energie ab. Die Energiedifferenz wird jeweils in Form eines sogenannten Energiequants entweder geschluckt oder freigesetzt, man nennt diese Energiequanten auch Photonen. Durch seine Annahmen konnte Bohr erklären, warum beispielsweise eine Wasserstoff-Flamme nur Licht mit ganz bestimmten Linien, also Frequenzen, abstrahlt. Diese Frequenzen entsprechen genau den Übergängen zwischen verschiedenen Bahnen. Die jeweilige Frequenz berechnet sich nach der Formel

$$E = h \cdot n$$

wobei h eine Konstante ist, die man Plancksches Wirkungsquantum nennt, und n die Frequenz des Photons bezeichnet.

Die Umlaufbahnen der Elektronen liegen auf gedachten Kugelhüllen um den Atomkern; hier die innere *Hülle* am Beispiel des Lithium-Atommodells.

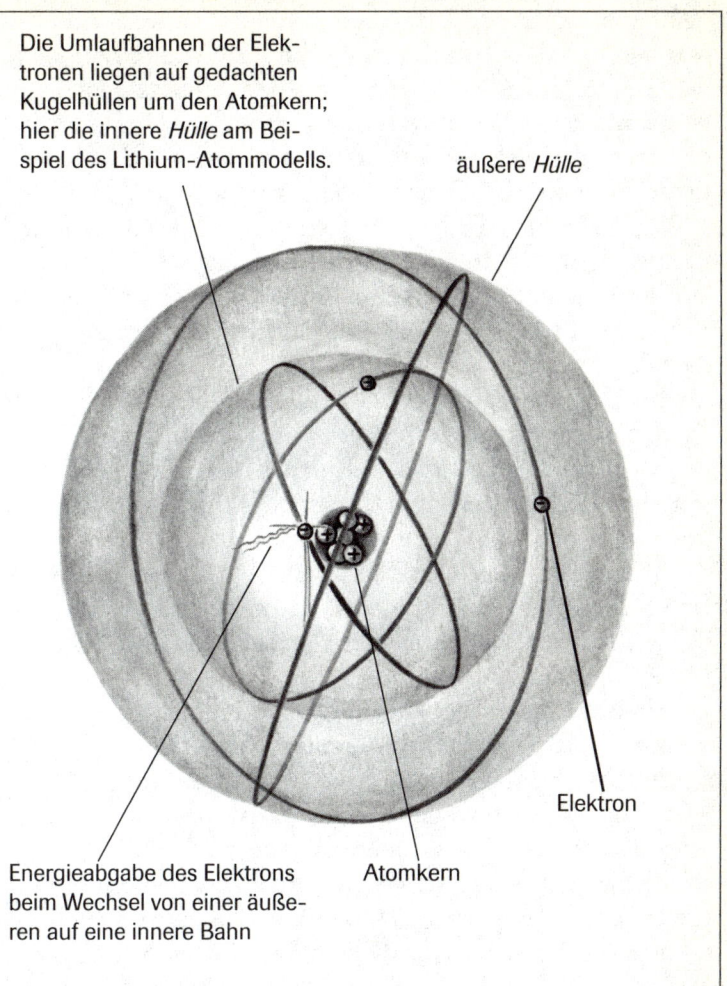

äußere *Hülle*

Elektron

Atomkern

Energieabgabe des Elektrons beim Wechsel von einer äußeren auf eine innere Bahn

nicht aber der Übergang zwischen ihnen. Des weiteren postulierte er, daß die Elektronen nur ganz bestimmte Bahnen um den Kern einnehmen können und daß alle anderen Bahnen »verboten« seien. Beim Übergang zwischen derartigen Bahnen sollte das Elektron ein Lichtquant einer jeweils charakteristischen Frequenz abgeben oder aufnehmen.

Die Bahnen sind dadurch festgelegt, daß der Bahndrehimpuls gleich einem ganzzahligen Vielfachen des Planckschen Wirkungsquantums sein sollte. Innere Bahnen sind enger am Atomkern als äußere. Die Bahn mit der geringsten Energie ist die allerinnerste.

Ein Elektron kann nur dann auf eine höhere Bahn gehoben werden, wenn es von außen ein Energiequant, auch Photon genannt, aufnimmt, dessen Betrag genau der Energiedifferenz zwischen den beiden Bahnen entsprechen muß. Andere Photonen würden das Elektron nicht beeinflussen.

Umgekehrt würde ein Elektron, das von einer höheren auf eine tiefere Bahn springt, dabei ein Energiequant aussenden, das wiederum der Energiedifferenz zwischen den beiden Bahnen entspricht.

Als Bohr diese Voraussetzungen in Formeln fixiert hatte, konnte er damit exakt die Balmerschen Linien des Wasserstoffspektrums erklären. Er schien also intuitiv den richtigen Weg eingeschlagen zu haben. Die Verhältnisse wurden jedoch schnell kompliziert, ja unüberschaubar, wenn man vom Wasserstoff weiterging zu schwereren Elementen. Auch hier sollten erlaubte und verbotene Elektronenbahnen existieren, aber es durfte nicht mehr jeder Übergang zwischen verschiedenen Bahnen erlaubt sein. So ergab sich ein kompliziertes Gewirr aus Regeln und Verboten, die nicht sehr plausibel schienen, aber die Spektrallinien auch der höheren Elemente einigermaßen befriedigend erklären konnten. Erst in den folgenden Jahrzehnten brachten Theoretiker Licht in das Dunkel dieser Formeln, als nämlich die Quantenphysik entwickelt wurde, deren Regeln angeben, welche Atomzustände möglich sind und welche nicht.

Zunächst erklärten Bohrs Hypothesen die Spektrallinien in guter Näherung, aber seine beiden Behauptungen waren derart gewagt, daß sie einen weniger begabten Physiker als Niels Bohr in ein heilloses Labyrinth von Fehlschlüssen geführt hätten. Bohr widerstand dieser Gefahr. Einstein meinte später: »Daß diese schwankende und widerspruchsvolle Grundlage hinreichte, um einen Mann mit dem einzigartigen Instinkt und Feingefühl Bohrs in den Stand zu setzen, die hauptsächlichsten Gesetze der Spektrallinien und Elektronenhüllen der Atome nebst deren Bedeutung für die Chemie aufzufinden, erschien mir wie ein Wunder – und erscheint mir auch heute noch als ein Wunder. Dies ist höchste Musikalität auf dem Gebiete des Gedankens.« Das Bohrsche Atommodell, so unvollständig es auch aus heutiger Sicht erscheinen mag, blieb einer der Grundpfeiler der modernen Physik, es wurde nie verworfen, sondern später nur durch weitere Erkenntnisse ergänzt.

Durch die zunehmend genaueren Apparaturen, deren sich die Wissenschaftler bedienen konnten, gelang es auch immer besser, fundamentale Größen der Physik höchst exakt zu messen. So ermittelte der Amerikaner Robert Andrew Millikan mit einer genialen Versuchsanordnung die Ladung des Elektrons und die Größe der Planckschen Konstanten.

Trotz aller Erfolge theoretischer und praktischer Art war aber beispielsweise immer noch unklar, woraus der Atomkern denn nun wirklich besteht. Man wußte aus Rutherfords Experimenten nur, daß er klein, schwer und positiv geladen sei. Anfangs nahm man an, er setze sich aus Protonen und Elektronen zusammen. Ein Atom, das beispielsweise das Atomgewicht 24 und die Atomzahl 12 hat, müßte dann aus 24 positiv geladenen Protonen bestehen und aus zwölf negativ geladenen Elektronen, die zwölf der Protonen elektrisch neutralisierten.

Wieder war es Ernest Rutherford, der erkannte, daß diese Theorie nicht realistisch war, da der Atomkern dabei zu groß geworden wäre. Er glaubte schließlich auf die Vorstellung verzichten zu können, daß sich Elektronen im Atomkern befinden, wenn man dafür annimmt, daß im Kern sogenannte Neutronen enthalten sind, ungeladene Teilchen, die die gleiche Masse wie die Protonen besitzen. Diese Neutronen wurden in der Tat von Rutherfords Schüler Chadwick entdeckt. Zunächst aber fand man immer wieder Elemente, die eine sehr durchdringende Strahlung aussandten. Weil man jedoch an die Existenz von Neutronen in den zwanziger Jahren noch nicht glaubte, hielten die Forscher diese Strahlung für Gammastrahlung.

Erst James Chadwick, der nach dem Ersten Weltkrieg in Rutherfords Laboratorium gekommen war, fand den Mut, die Existenz von Neutronen anzunehmen und schließlich ihr Vorhandensein im Jahr 1932 wirklich zu beweisen. Er bombardierte das Element Beryllium mit Alphateilchen und registrierte die bereits bekannte durchdringende Strahlung. Aber Chadwick ging weiter, weil er glaubte, es könne sich dabei um eine Teilchenstrahlung handeln: Er richtete diese Strahlung auf unterschiedliche Gase und beobachtete, welchen Rückstoß die Gasmoleküle dabei erfuhren. Da er das Atomgewicht der Gase kannte, konnte er aus dem jeweiligen Rückstoß errechnen, welche Masse die stoßenden Teilchen haben mußten. Auf diese geniale und gleichzeitig einfache Art bestimmte er die Masse des Neutrons und fand, daß sie ungefähr gleich der des Protons ist.

Es war eine große experimentelle Leistung, Teilchen zu finden, die keine elektrische Ladung tragen, denn normalerweise identifizierte man Partikel dadurch, daß sie von elektrischen oder magnetischen Feldern abgelenkt wurden. Bei elektrisch neutralen Teilchen ist dies nicht möglich. Trotz oder vielleicht sogar wegen seiner elektrischen Neutralität ist das Neutron heute zweifellos das wichtigste Teilchen der modernen Atomphysik, denn es spielt bei der Kernspaltung die entscheidende Rolle.

Mitte März 1932 erfuhr der deutsche Theoretiker Werner Heisenberg von Chadwicks Entdeckung, und er machte sich nun sofort daran, seine bereits vorhandenen Überlegungen über die Zusammensetzung der Atomkerne niederzuschreiben. Schon am 6. Juni schickte er seine Abhandlung ›Über den Bau der Atomkerne‹ an die ›Zeitschrift für Physik‹. Darin legte er dar, daß Atomkerne nicht wie bisher angenommen aus Protonen und Elektronen, sondern aus Protonen und Neutronen bestehen. Für die Physiker seiner Zeit war diese Vorstellung zunächst unannehmbar, denn es gab einen unwiderlegbaren Beweis, daß im Atomkern Elektronen existierten: Bei der Betastrahlung kamen Elektronen direkt aus dem Kern. Heisenberg konterte diese Einwände mit dem Satz: »Kinder, ihr habt nicht genug Phantasie. Seht dort das Hallenbad. Da gehen alle Leute angezogen hinein und kommen angezogen wieder heraus. Könnt ihr daraus schließen, daß sie auch drinnen angezogen schwimmen?«

Heisenbergs Vorstellungen erwiesen sich schließlich als richtig. Nun konnte man sich in den dreißiger Jahren endlich vorstellen, daß der Atomkern aus einer Mischung positiv geladener Protonen und neutraler Neutronen besteht, und auf diese Weise auch das Gewicht des Atomkerns erklären.

Isotope besitzen Atomkerne mit der jeweils gleichen Anzahl von Protonen, unterscheiden sich aber in der Anzahl der Neutronen. Diese verändern lediglich das Gewicht des Atoms, haben jedoch keinen Einfluß auf das chemische Verhalten, da dieses ausschließlich durch die Anzahl der Elektronen eines Atoms bestimmt wird, und diese ist gleich der Anzahl der Protonen.

Elektronen enthielt der Atomkern nach den neuen Vorstellungen nun keine mehr. Trotzdem blieb die Frage, wieso ein

Gebilde, das auf kleinstem Raum mehrere positive Ladungen vereint, nicht durch deren gegenseitige elektrische Abstoßung sofort instabil wird. Es sollte noch eine ganze Reihe von Jahren dauern, bevor auch dieses Rätsel schließlich gelöst wurde.

Eine andere Entdeckung machte aber inzwischen Furore, eine Entdeckung, die unserer sichtbaren Welt eine unsichtbare Gegenwelt hinzufügte und damit das Verständnis für das Innerste der Materie weiter erhellte. Es handelt sich um die Antimaterie, insbesondere um das Positron.

Eigentlich wäre es ihm wesentlich lieber gewesen, wenn die Theorie erst entstanden wäre, nachdem die experimentellen Daten feststanden, meinte etwas säuerlich Ernest Rutherford, als er von der Entdeckung des Positrons hörte. Paul Dirac, ein junger britischer Theoretiker, hatte aber in diesem Fall dafür gesorgt, daß es genau andersherum lief. Er hatte Ende der zwanziger Jahre eine Gleichung aufgestellt, die das Elektron und seine Eigenschaften beschrieb. Eines allerdings machte ihm Kopfzerbrechen: Wenn man aus dieser Gleichung die Energie des Elektrons ausrechnete, gab es immer zwei Lösungen – eine positive und eine negative. Diese beiden Lösungen waren mathematisch vollkommen gleichwertig. Physikalisch gesehen war die negative Lösung jedoch ausgesprochen störend: Negative Energie – selbst wenn man die Idee als solche noch für faszinierend hält – bedeutet wegen Einsteins Formel $E = mc^2$ gleichzeitig auch negative Masse, eine Absurdität. Dirac gab später zu, daß ihn »die ganze Sache sehr beschäftigte«. Das Jahr 1929 brachte er damit zu, mit den negativen Energien zu ringen, sein Ziel war, einerseits seine schöne Gleichung für das Elektron zu behalten, andererseits aber die negativen Energiezustände loszuwerden.

»Und dann«, so erzählte Dirac später, »hatte ich die Idee, daß man die negativen Energien – wenn man sie schon nicht vermeiden kann – in die Theorie einbauen müßte. Man kann dies dadurch erreichen, daß man ein neues Bild des Vakuums entwickelt. Stellen Sie sich vor, daß im Vakuum alle negativen Energiezustände aufgefüllt sind. Wir haben dann praktisch ein Meer von Elektronen mit negativer Energie. Es ist ein Meer, das unendlich tief ist, aber das braucht uns nicht zu kümmern. Wir befassen uns nur mit der Situation an der Oberfläche, und dort finden wir einige Elektronen, die über dem Meeresspiegel liegen und die nicht hineinfallen können, weil in unserem Meer einfach kein Platz für sie ist.«

Mit anderen Worten: Wir bemerken die Elektronen mit negativer Energie gar nicht, weil sie allgegenwärtig sind. Aber: »Es könnte passieren«, so meinte Dirac, »daß in unserem Meer Löcher auftauchen. Solche Löcher wären Stellen zusätzlicher Energie, weil man ja negative Energie bräuchte, um das Loch wieder aufzufüllen.« Wegen der Zufälligkeit der Ereignisse in der Welt der kleinsten Teilchen kommt es also immer wieder vor, daß Lichtquanten Elektronen im Meer treffen und, falls ihre Energie ausreicht, sie herausspringen lassen. Die Elektronen werden so in Elektronen mit positiver Energie verwandelt und lassen an ihrem früheren Platz ein Loch zurück. Dieses erscheint uns nun wie eine Art »Gegen-Elektron«: positiv geladen, weil es aus der Abwesenheit einer negativen Ladung entstanden ist.

Dirac hatte also einen Ausweg gefunden. Er konnte nun die Elektronen mit negativer Energie in seine Theorie einbauen, aber als Preis dafür war er gezwungen, eine neue Teilchenart vorherzusagen, nämlich ein Teilchen wie das Elektron, aber mit positiver Ladung. Heute ist dieses Teilchen unter dem Namen Positron bekannt. Damals jedoch war noch nie ein derartiges Teilchen im Experiment oder in der Natur beobachtet worden.

In der Folgezeit tat sich aber auf experimentellem Gebiet einiges: Der Schotte Charles Wilson hatte die Nebelkammer erfunden, in der man die Bahn einzelner Atome und Teilchen registrieren konnte. Mit diesem Gerät untersuchte ein frischgebackener junger Physiker, Carl Anderson, am Caltech in Kalifornien 1930 die kosmische Strahlung. Von Anfang an fiel ihm dabei auf, daß manche seiner Fotos irgendwelche seltsamen Spuren von leichten Teilchen zeigten, die entweder von oben nach unten flogen und positiv geladen waren oder sich von unten nach oben bewegten und negativ geladen waren. (Auf einer Momentaufnahme der Spuren erkennt man die Flugrichtung der Teilchen nicht.)

Wochenlang stritt er mit seinem Professor darüber, welche Teilchen die Ursache für die seltsamen Spuren sein könnten. Die Vernunft sagte, daß sie von oben kommen mußten, denn kosmische Strahlung kommt immer von oben. Protonen konnten es aber auch nicht sein, dazu waren sie zu klein. Die Frage nach der Laufrichtung beantwortete Anderson schließlich mit einem raffinierten Trick: Er ließ alle Teilchen in der Nebelkammer durch eine dünne Metallfolie fliegen. Beim Durchtritt wurden die Teilchen abgebremst. Dadurch veränderten sie ihre Bahn im Magnetfeld. Die Seite der Folie, auf der die Teilchenbahn schwächer gekrümmt war, mußte folglich die Seite sein, von der die Teilchen herkamen.

Am 2. August 1932 gelang Anderson ein so erstaunlich klares Foto, daß sowohl er als auch sein Professor regelrecht schockiert waren: Es zeigte eines der fraglichen Teilchen. Aus der Dicke der Spur, dem Radius der Krümmung seiner Bahn und aus der Abbremsung durch die Folie war sofort klar, daß seine Masse in etwa der des Elektrons entsprechen mußte. Gleichzeitig mußte das Teilchen positiv geladen sein. Die Spur stammte also von einem Partikel, das noch nie zuvor beobachtet worden war.

Tatsache war, daß es sich um eines der ominösen »Löcher« handelte, die Dirac vorhergesagt hatte. Schließlich nannte Anderson das Teilchen »positives Elektron«, später wurde daraus »Positron«. Die Positronen waren die ersten Vertreter einer ganz neuen Art von Materie: Antimaterie, die Dirac aufgrund seiner Theorie zwangsweise vorhersagen mußte. Später sagte er, die Gleichungen seien schlauer gewesen als er selbst. Schnell fanden Experimentatoren nun heraus, daß sich Elektronen und Positronen gegenseitig vernichten, wenn sie zusammenstoßen, wobei zwei winzige Lichtblitze (Photonen) entstehen. Entsprechend kann sich auch ein Photon in ein Elektron und ein Positron aufspalten.

Von einer Verlegenheitslösung hatten sich damit die negativen Energiezustände aus Diracs Theorie in einen Triumph der Physik verwandelt. Dirac erhielt 1933 den Nobelpreis, Anderson drei Jahre später. Im Lauf der darauffolgenden Jahrzehnte entdeckten Forscher nach und nach weitere Antiteilchen, manche in der Höhenstrahlung, manche in den großen Beschleunigern. Inzwischen kennt man zu jedem einzelnen Teilchen unserer Welt auch das entsprechende Antiteilchen. Man ist mit ihren Reaktionen so vertraut, daß man wie in einer Art Fabrik beispielsweise Antiprotonen am Fließband herstellen kann, und Anfang 1996 gelang es Forschern am Teilchenforschungszentrum CERN (Conseil Européen pour la Recherche Nucléaire) bei Genf sogar, ein ganzes Atom aus Antimaterie zu erzeugen und nachzuweisen. Die genaue Untersuchung derartiger Antiatome wird in Zukunft zeigen, ob alle unsere Naturgesetze auch in der Welt der Antimaterie gelten.

Zurück ins Jahr 1920, dort widerfuhr Ernest Rutherford zum zweiten Mal eine Ehre, die nur wenigen Wissenschaftlern zuteil wird: Er wurde aufgefordert, vor der britischen Royal Society eine Vorlesungsreihe zu halten. Das erste Mal, als er vor diesem erlauchten Gremium auftrat, war im Jahr 1904 gewesen, und er selbst damals noch ein 32jähriger junger Mann. Inzwischen war er weltberühmt, und so erregten seine Vorlesungen großes Interesse. Sie beschäftigten sich diesmal mit künstlichen Atomumwandlungen. Dies war ein Gebiet, das die Grundfesten der Physik erschüttert hatte, denn man hatte sozusagen dem Herrgott ins Handwerk gepfuscht, indem man Atome künstlich verändert hatte. Und man hatte andererseits wieder an die kühnen Vorstellungen der Alchimisten angeknüpft, die im Mittelalter geglaubt hatten, aus minderwertigen Materialien durch geeignete Manipulationen Gold herstellen zu können.

Nun, Gold war es nicht gerade, was Rutherford zu bieten hatte, aber er stellte seinen Fachkollegen etwas nicht weniger Aufsehenerregendes vor: Es war ihm 1919 gelungen, Stickstoff in Sauerstoff zu verwandeln. Radioaktive Stoffe, die Alphastrahlen aussenden, schleudern diese mit sehr großer Geschwindigkeit in den Raum. Trifft ein solches Geschoß auf seinem Weg durch die Luft zufällig auf den Kern eines Stickstoffatoms, dann kann es aus ihm ein Proton herausschlagen und selbst in dem Kern steckenbleiben. Aus Stickstoff mit dem Atomgewicht 14 und der Ordnungszahl 7 wird dadurch ein Sauerstoffkern mit dem Atomgewicht 17 und der Ordnungszahl 8.

Als sich bei Rutherford während seiner Versuche der Verdacht einstellte, daß er aus Stickstoffkernen Sauerstoffkerne gemacht hatte, setzte er alles daran, jede Möglichkeit eines Fehlers auszuschließen. Sorgfältig entfernte er alle Spuren von Sauerstoff aus seinem Reaktionsgefäß, das er mit Stickstoff füllte, bevor er das Gas mit Alphateilchen bestrahlte. Im Lauf von Jahren verdichteten sich die Hinweise, daß er tatsächlich eine Kernumwandlung vollbracht hatte. Bisher war es nur der Natur gelungen, Kerne eines Elements in ein anderes zu verwandeln, nun hatte zum ersten Mal auch ein Mensch dies fertiggebracht.

Gleichzeitig zeigte sich bei Rutherfords Experimenten, daß der neu entstandene Sauerstoff und das wegfliegende Proton zusammen mehr Energie hatten als die »Eltern«. Auch hier, wie schon beim radioaktiven Zerfall von Atomen, gab es also eine geheimnisvolle Energiequelle, deren Ursprung immer noch nicht bekannt war. Es würden noch mehr Beispiele dafür gefunden werden.

In seinen Vorlesungen vor der Royal Society stellte Rutherford nicht nur dieses erstaunliche Resultat vor, sondern er wagte auch eine Reihe von Vorhersagen, die später in wunderbarer Weise eintrafen. So meinte er, es sei wahrscheinlich, daß ein Atomkern mit der Masse von zwei Einheiten und einer Ladung von einer Einheit existieren könne. Er solle sich chemisch wie Wasserstoff verhalten. Dieses Wasserstoffisotop, das »schwerer Wasserstoff« oder Deuterium genannt wurde, wurde elf Jahre später von Harold D. Urey, Ferdinand G. Brickwede und George M. Murphy in den USA entdeckt. Ebenso sagte Rutherford die Existenz eines Heliumisotops voraus, das ebenfalls später gefunden wurde. Am erstaunlichsten war aber seine Vision von einem »Kern«, der keine Ladung tragen und die Massenzahl eins haben sollte. Dies ist, wie wir heute wissen, nichts anderes als das Neutron, das er in hellsichtiger Weise bereits zwölf Jahre vor dessen Entdeckung vorhergesagt hatte. Nachdem nun Rutherford gezeigt hatte, daß mit Hilfe energiereicher Alphateilchen Atomkerne in andere umgewandelt werden konnten, war der Weg frei für die Herstellung künstlich radioaktiver Elemente. Dazu verwandten die Forscher nun die zum Teil neu entdeckten Strahlungsarten wie Werkzeuge, mit denen man ins Dunkel der Materie hineintasten konnte. Das Forscherehepaar Irène und Frédéric Joliot-Curie (Irène war eine der beiden Töchter von Marie und Pierre Curie) erhielt 1935 den Chemie-Nobelpreis für ihre Synthese neuer radioaktiver Elemente. Auch heute noch werden fast alle radioaktiven Stoffe, die in Technik und Medizin angewandt werden, durch die Bestrahlung mit Teilchen künstlich hergestellt.

Das Periodensystem, das die Elemente nach ihrem Atomgewicht ordnet, endet – wenn man nur die Substanzen betrachtet, die in der Natur vorkommen – mit dem schwersten

Element Uran mit der Ordnungszahl 92. Da nun in den dreißiger Jahren die neu entdeckten Neutronen auch als Teilchen zur Verfügung standen, mit denen man experimentieren konnte, zögerten die Physiker nicht, sie für ihre Zwecke einzusetzen. Enrico Fermi in Rom ließ sich von Joliots Entdeckung der künstlich radioaktiven Elemente inspirieren, und er startete eine systematische Studie, bei der er erproben ließ, inwiefern sich Atome durch die Bestrahlung mit Neutronen in radioaktive Isotope verwandeln ließen. Man benutzte dazu sogenannte thermische Neutronen, die man vorher beispielsweise in Paraffin abgebremst hatte. Man stellte sich vor, daß die langsamen Neutronen in den Kern eindringen könnten und dort steckenblieben. So könnte man Elemente in ihre Nachbarelemente umwandeln.

Fermi versammelte ein halbes Dutzend Mitarbeiter um sich und bestrahlte mit ihnen alle verfügbaren Elemente mit thermischen Neutronen. Auf dieses Weise hoffte er, auch das Element 93 und schwerere erzeugen zu können, die offensichtlich in der Natur nicht vorhanden waren. Man nannte diese Elemente, die allesamt radioaktiv sind und jenseits des Urans liegen, »Transurane«. Das wichtigste ist Plutonium, das in jedem Kernreaktor gebildet wird und auch beim Bau der Atombombe eine große Rolle spielte. In der Tat entdeckten seine Leute neue strahlende Elemente mit Halbwertszeiten, die zu keinem bis dahin bekannten Stoff paßten. Man ging deshalb davon aus, daß man das Element 93, 94 und sogar 95 gefunden habe, diese Annahme war jedoch falsch. Hätte man genauere Analysen vorgenommen, hätten Fermis Mitarbeiter vielleicht damals schon etwas bemerkt, was nun erst Otto Hahn und Lise Meitner im Jahr 1939 gelang: Man hätte die Kernspaltung entdecken können.

Während die Praktiker unentwegt das Innere des Atoms weiter erforschten und dabei neue Teilchen – und sogar neue Kräfte – fanden, hatte es in der Welt der physikalischen Theorien zur gleichen Zeit Umwälzungen gegeben, die das Weltbild der Naturwissenschaft auf neue Beine stellten. Der Physiker Werner Heisenberg, der daran maßgeblich beteiligt war, sprach später von der ersten Hälfte des 20. Jahrhunderts als vom »goldenen Zeitalter der Atomphysik«. So entstanden die zwei wichtigsten Säulen der modernen Physik: Max Planck entwickelte die Quantentheorie, auf der andere wie Werner Heisenberg, Arnold Sommerfeld und Erwin Schrödinger aufbauten und die Quantenmechanik erdachten. Albert Einstein arbeitete die Relativitätstheorie aus, die neue Konzepte für Zeit und Raum zur Diskussion stellte.

Für die Vorstellungen vom Aufbau der Materie war vor allem die Quantenmechanik von großer Bedeutung. Ins Licht der Öffentlichkeit trat sie 1927 auf einem Kongreß im italienischen Como, der zu Ehren Alessandro Voltas zu dessem hundertsten Todestag abgehalten wurde. Einstein besuchte diesen Kongreß nicht, weil er es ablehnte, sich ins faschistische Italien zu begeben. Erst einige Wochen später, als sich in Brüssel die Berühmtheiten der physikalischen Welt zum Solvay-Kongreß trafen, war er wieder dabei und diskutierte mit großem Engagement die neue Theorie. Sämtliche Einwände, die er sich ausdachte, wurden von seinen Kollegen, insbesondere von Niels Bohr, widerlegt. Dennoch konnte sich Einstein, der ja selbst einen großen Teil der Grundlagen zur Quantenmechanik beigetragen hatte, nie ganz entschließen, ihr zu vertrauen. In einem privaten Brief an Max Born schrieb er: »Die Quantenmechanik ist sehr achtunggebietend. Aber eine innere Stimme sagt mir, daß das noch nicht der wahre Jakob ist. Die Theorie liefert viel, aber dem Geheimnis des Alten bringt sie uns kaum näher. Jedenfalls bin ich überzeugt, daß der liebe Gott nicht würfelt.«

Der Theoretiker Arnold Sommerfeld, der damals an der Universität München lehrte, nahm die gewaltige Aufgabe auf sich, die Quantentheorie vom Wasserstoffatom, das extrem einfach aufgebaut ist, auf schwerere und damit kompliziertere Atome zu übertragen. Sein Lehrbuch ›Atombau und Spektrallinien‹ diente noch ganzen Generationen von Physikern als Standardwerk. Sommerfeld hatte auch damit begonnen, die Einsteinsche Relativitätstheorie auf die Quantenmechanik anzuwenden, und dabei die sogenannte Feinstrukturkonstante entdeckt, die später in der theoretischen Physik eine wichtige Rolle spielen würde.

Die Entdeckung der Kernkraft

Nun waren also Anfang der dreißiger Jahre die Bestandteile der Atomkerne bekannt, und man konnte sich darüber Gedanken machen, was diese Gebilde eigentlich zusammenhält. Betrachtet man die Gesetze der Physik, ist es keineswegs ohne weiteres einsehbar, warum eine Zusammenballung aus einigen Dutzend Protonen und Neutronen stabil sein sollte. Immerhin tragen die Protonen eine positive Ladung, und gleichnamige elektrische Ladungen stoßen sich bekanntlich ab, daran ändern auch die dazwischengeschobenen Neutronen nichts. Trotzdem lehrt die Erfahrung, daß Atomkerne im allgemeinen sehr stabile Gebilde sind – unsere ganze Welt besteht daraus.

Um die Vorgänge im Atomkern und sein Zusammenhalten zu erklären, wurden nun die verschiedensten Theorien erfunden, die immer auch quantenmechanische Erkenntnisse einschlossen. Da die meisten dieser Theorien aber mathematisch derart anspruchsvoll sind, daß sie nur von Spezialisten verstanden werden, begnügte sich das Gros der Physiker mit Modellvorstellungen, die den Atomkern in seinen wichtigsten Eigenschaften zutreffend beschrieben und Vorhersagen für sein Verhalten ermöglichten. Manche dieser Modelle gelten mit gewissen Einschränkungen auch heute noch. Das wichtigste ist das sogenannte Tröpfchenmodell, das eine Analogie zwischen dem Atomkern und einem Wassertropfen herstellt. Man stellt sich auch den Atomkern als Kugel vor, in dem sich die Protonen und Neutronen, zusammen »Nukleonen« genannt, wie die Wassermoleküle umherbewegen. Jedes Nukleon wird von allen anderen mit der gleichen Kraft angezogen. Daß die Teilchen nicht aus dem Kern entweichen können, konnte man durch einen sogenannten »Potentialtopf« symbolisieren. Die hohen Wände des Topfes, in dem die Nukleonen liegen, verhindern in den meisten Fällen das Entkommen. Nur ganz selten gelingt es einzelnen Teilchen oder Gruppen, die Wand des Potentialtopfs zu durchbrechen und nach außen davonzufliegen. Dabei handelt es sich dann um Alpha- oder Neutronenstrahlung.

Im Jahr 1935 versuchte der japanische Theoretiker Hideki Yukawa, den Zusammenhalt der Nukleonen im Kern durch die Existenz besonderer Kernkräfte zu erklären, die nur auf den winzigen Entfernungen wirksam sein sollten, die den Abmessungen des Kerns entsprachen. Er brachte dabei den Gedanken des Austausches von Bindeteilchen ins Spiel – eine Vorstellung, die später noch große Bedeutung erlangen sollte. Es gibt noch ein weiteres Beispiel in der Natur, bei dem starke Kräfte nur auf sehr kurze Distanzen wirksam sind: die Anziehungskräfte zwischen den Atomen oder Molekülen, die letztlich dafür sorgen, daß feste Körper zusammenhalten. Sie entstehen dadurch, daß die Atome sozusagen ihre äußeren Elektronen »miteinander teilen« oder »gemeinsam benutzen«. Diese Elektronen schwirren also ununterbrochen zwischen den Atomen hin und her und stellen so den Zusammenhalt her.

Diese Modellvorstellung übertrug nun Yukawa auf die Atomkerne. Warum, so fragte er, sollten nicht die Kernkräfte durch Teilchen erzeugt werden, die zwischen den Protonen und Neutronen des Kerns hin und her schwirren? Er nannte diese Teilchen »Austauschteilchen« und berechnete ihre Masse als etwa dreihundertmal so schwer wie die des Elektrons. Als Bezeichnung für diese Bindeteilchen bürgerte sich der Name »Pionen« oder »Pi(π)-Mesonen« ein. In der Tat wurden diese Teilchen später auch wirklich entdeckt. Bis es jedoch soweit war, vergingen noch zwölf Jahre. Physiker fanden sie schließlich in der kosmischen Höhenstrahlung. Diese besteht aus Teilchen, die zum Teil mit extrem hohen Energien aus dem Weltall auf die Erde prasseln.

Die meisten von ihnen erreichen die Erdoberfläche nicht, da sie von den Luftschichten der Atmosphäre absorbiert werden, ein Schutz, ohne den wir nicht überleben könnten. Für die Physiker stellt die Höhenstrahlung ein reichhaltiges Reservoir an Teilchen dar, die man in Meßgeräten einfangen und untersuchen kann.

Diese von Yukawa postulierte und später experimentell nachgewiesene Kernkraft wurde nun als dritte fundamentale Kraft neben die elektromagnetische Wechselwirkung und die Gravitation gestellt. Etwas später sollte noch eine vierte Grundkraft hinzukommen, die Ursache dafür lag in folgendem Problem: Nach wie vor konnten die Modelle für die Atomkerne ein Phänomen nicht erklären: Wie war es möglich, daß aus einem Kern, der nur aus Protonen und Neutronen besteht, beim Beta-Zerfall negativ geladene Elektronen herausgeschleudert werden? Außerdem verletzten diese Teilchen auch noch mehrere Erhaltungssätze, darunter den der Energieerhaltung. Mit dem bisher bekannten Rüstzeug waren die Vorgänge um den Beta-Zerfall nicht zu erklären, und so postulierte der Schweizer Physiker Wolfgang Pauli wieder einmal ein neues Teilchen, das die Welt in Ordnung bringen könnte, das Neutrino. Es sollte noch viel kleiner als das Elektron sein und keine Ladung tragen. Damit wäre es extrem schwierig nachzuweisen.

Pauli sollte recht behalten. Das Neutrino wurde schließlich 1956 entdeckt. Seine Erforschung beschäftigt bis heute Physiker auf der ganzen Welt.

Aber auch mit Hilfe des Neutrinos war der Beta-Zerfall noch nicht vollständig zu erklären. 1933 begann der Italiener Enrico Fermi, einer der glänzendsten Vertreter der jüngeren Physikergeneration, sich mit diesem Problem zu befassen. Um eine konsistente Erklärung für den Beta-Zerfall aufzustellen, mußte er eine neue Kraft einführen, die er »schwache Wechselwirkung« nannte. Sie stellte sich als eine ebenso grundlegende Naturkraft heraus wie die bereits längst bekannten Kräfte der Gravitation und der Elektrizität. Fermis Ideen waren jedoch so revolutionär, daß die renommierte Fachzeitschrift ›Nature‹ das Manuskript ablehnte.

Heute ist Fermis neue Kraft ebenso als eine der vier Grundkräfte der Welt anerkannt wie die elektromagnetische Kraft, die Kernkraft und die Schwerkraft.

Seit Forscher damit begannen, ins Innere der Atomkerne hineinzuschauen, stellten sie fest, daß dort gewaltige Kräfte schlummerten. Bereits 1906 beendet Rutherford seine Abhandlung ›Radioaktive Umwandlung‹ mit den Sätzen: »Alle diese Überlegungen führen zu dem Schluß, daß die im Atom latent vorhandene Energie im Vergleich zu der bei gewöhnlichen chemischen Umwandlungen freiwerdenden Energie gewaltig sein muß. Die radioaktiven Elemente unterscheiden sich aber in ihrem chemischen und physikalischen Verhalten in keiner Weise von den anderen Elementen ... Daher besteht kein Grund zu der Annahme, daß diese gewaltigen Energievorräte allein den radioaktiven Elementen vorbehalten sind.«

Es handelt sich hier, wie so oft bei Rutherford, um eine äußerst hellsichtige Analyse, auch wenn er nicht an eine technische Realisierung glaubte. Im Jahr 1942 gelang Enrico Fermi zum ersten Mal eine kontrollierte nukleare Kettenreaktion, die es ermöglichte, diese gewaltigen Energievorräte anzuzapfen. Sie sollte der Ausgangspunkt für die Nutzung der Kernenergie werden .

Rutherford stand mit seinen Vermutungen jedoch nicht allein. Auch Heisenberg machte sich darüber Gedanken. Er berichtete, daß er einmal bei einem Gespräch mit Rutherford in dessen Garten ihn direkt fragte: »Glauben Sie, daß wir eines Tages die im Kern der Atome eingeschlossene Energie technisch nutzen können?« Verächtlich soll Rutherford diese Idee mit den Worten »Dog's moonshine« abgeschmettert haben. Heisenberg kannte diesen englischen Ausdruck nicht, aber aus der Verachtung, mit der Rutherford ihn hervorstieß, schloß er, daß er etwas wie »Spinnerei« bedeuten mußte.

Ausnahmsweise sollte Rutherford in diesem Fall nicht recht behalten. Er starb 1937 und erlebte deshalb die Anfänge des nuklearen Zeitalters nicht mehr, denn diese begannen erst Ende der dreißiger Jahre mit der Entdeckung der Uranspaltung.

Die erste Uranspaltung

Der damals 59jährige Chemiker Otto Hahn arbeitete im Kaiser-Wilhelm-Institut für Chemie in Berlin-Dahlem an einem Gebiet, zu dem ihn seine langjährige Mitarbeiterin Lise Meitner überredet hatte: Er untersuchte die von Enrico Fermi beim Beschuß von Uran und Thorium mit Neutronen erzeugten sogenannten Transurane. Im Jahr 1938 bestrahlte er zusammen mit Fritz Straßmann Uransalze mit Neutronen aus einer Radium-Beryllium-Neutronenquelle. Er ließ die Neutronen vorher zum Abbremsen einen Paraffin-Moderator durchlaufen und analysierte das Ergebnis der Bestrahlungsversuche mit chemischen Methoden. So trennten die beiden Forscher die strahlenden Bestandteile zusammen mit Barium durch Ausfällen vom Rest der Lösung ab. Dieses Verfahren hatte sich schon bei den Curies bewährt, die auf diese Weise das Radium isoliert hatten.

Was jedoch bei den Experimenten von Marie und Pierre Curie funktioniert hatte, versagte bei Hahn und Straßmann: Es gelang ihnen nicht, aus der Bariumchlorid-Lösung durch Eindampfen und Kristallisieren das Radium abzutrennen. Die einzig mögliche Erklärung dafür mußte sein, daß es sich bei den strahlenden Substanzen, die neu entstanden waren, nicht um Radiumisotope, sondern um radioaktive Isotope des Bariums handeln mußte. Hahn und Straßmann publizierten diese Entdeckung im Januar 1939 in der Zeitschrift ›Die Naturwissenschaften‹ in einer äußerst vorsichtigen Formulierung; von Kernspaltung war nicht die Rede. Sie schrieben: »Wir kommen zu dem Schluß: Unsere ›Radiumisotope‹ haben die Eigenschaften des Barium; als Chemiker müßten wir eigentlich sagen, bei den neuen Körpern handelt es sich nicht um Radium, sondern um Barium ... Als der Physik in gewisser Weise nahestehende ›Kernchemiker‹ können wir uns zu diesem, allen bisherigen Erfahrungen der Kernphysik widersprechenden Sprung noch nicht entschließen. Es könnten doch noch vielleicht eine Reihe seltsamer Zufälle unsere Ergebnisse vorgetäuscht haben.«

Noch vor Weihnachten erhielt Lise Meitner, die lange Zeit mit Otto Hahn eng zusammengearbeitet hatte, nun aber wegen der politischen Verhältnisse ins schwedische Exil gegangen war, einen Brief von Hahn, in dem er schrieb: »Es ist etwas bei den ›Radiumisotopen‹, was so merkwürdig ist, daß wir [er und Straßmann] es vorerst nur Dir sagen. Die Halbwertszeiten der drei Isotope sind recht genau sichergestellt; sie lassen sich von allen Elementen außer Barium trennen; alle Reaktionen stimmen. Nur eine nicht – wenn nicht höchst seltsame Zufälle vorliegen: Die Fraktionierung funktioniert nicht. Unsere Radiumisotope verhalten sich wie Barium ... Vielleicht kannst Du irgendeine phantastische Erklärung vorschlagen. Wir wissen dabei selbst, daß es eigentlich nicht in Barium zerplatzen kann ... Falls Du irgend etwas vorschlagen könntest, was Du publizieren könntest, dann wäre es doch noch eine Art Arbeit zu dreien.« Es war dann in der Tat Lise Meitner, die einen Monat später die Deutung des Hahn-Straßmannschen Resultats als Aufspaltung des Urankerns vornahm und zusammen mit ihrem Neffen, dem Physiker Otto Robert Frisch, in der Zeitschrift ›Nature‹ veröffentlichte. Sie erkannte, daß der Urankern durch die Bestrahlung mit Neutronen in zwei etwa gleich große Bruchstücke zerfallen war, in ein Barium-139- und ein Krypton-92-Atom. Vorher waren bei Bestrahlungen immer nur Verwandlungen in Nachbaratome gefunden worden – das Zerfallen eines Atoms in zwei völlig andere Teile war vollkommen neu. Es gibt in der Geschichte der Naturwissenschaften nur wenige Entdeckungen von vergleichbarer Tragweite. Trotz ihrer richtigen Interpretation erhielt Lise Meitner die Auszeichnung durch den Nobelpreis nicht. Er wurde 1945 (für 1944) allein an Otto Hahn vergeben, eine Kränkung für Lise Meitner, die sie nie verwinden konnte. Dennoch nahm sie an der Verleihungsfeier teil – ein Zeichen ihrer menschlichen Größe.

Wie die Uranspaltung abläuft, kann man sich an der Modellvorstellung des Atomkerns als Tröpfchen gut vorstellen: Ein Urankern enthält beispielsweise 235 Nukleonen, davon 92 Protonen. Die restlichen 143 Nukleonen sind Neutronen, es besteht also ein gewisser Überschuß an Neutronen, der den Atomkern in die Nähe eines instabilen Zustands bringt. Wenn nun ein zusätzliches langsames Neutron von außen auf den Kern auftrifft, kann es in ihm steckenbleiben. Der zunächst runde Kern gerät in Schwingungen und verformt sich dabei länglich. Wenn diese Zigarrenform erreicht ist, hat sozusagen das letzte Neutron das Faß zum Überlaufen gebracht, der Kern wird instabil und zerplatzt in mehrere Bruchstücke, meist in zwei mittelschwere Kerne.

Das Besondere an der Spaltung des Urankerns war, daß dabei Energie frei wurde, und zwar fast eine Milliarde Mal soviel wie bei einer chemischen Reaktion. Diese Energie, die schon Heisenberg und im Grunde auch Rutherford im Inneren des Atomkerns vermutet hatten, wurde also bei der Kernspaltung freigesetzt. Der physikalische Hintergrund war bald erforscht: Die Masse des Ausgangskerns ist etwas größer als die Masse aller Spaltprodukte zusammengenommen. Diese verlorengegangene Masse, auch »Massendefekt« genannt, verwandelt sich nach Einsteins Formel $E = mc^2$ in Energie. Da der Umwandlungsfaktor c^2 ungeheuer groß ist, ergibt bereits wenig Masse sehr hohe Energien. Hier lag also ein Prozeß vor, mit dessen Hilfe man Energie »erzeugen« konnte. Endlich wurde auch verständlich, warum sich strahlende Elemente nicht abkühlen, denn auch bei radioaktiven Zerfällen wandelt sich ein winziger Prozentsatz der Materie in Energie um.

Es gab noch ein weiteres Phänomen bei der Uranspaltung, das die Physiker auf der ganzen Welt in Erregung versetzte. Uran 235 besitzt 143 Neutronen. Die beiden Bruchstücke Barium 139 (83 Neutronen) und Krypton 92 (56 Neutronen) besitzen aber zusammen nur 139 Neutronen. Also mußten weitere Neutronen als freie Teilchen entstanden sein. 1939 bewies Frédéric Joliot-Curie, der Schwiegersohn Marie Curies, daß bei jeder Uranspaltung im Mittel 2,5 weitere Neutronen frei wurden. Damit lag der Gedanke nahe, daß diese weitere Urankerne spalten könnten, die sich in der Nachbarschaft befinden. Wie in einer Lawine könnte sich so die Anzahl der Spaltungen und damit auch die Energiefreisetzung vervielfachen.

Genauere Untersuchungen zeigten, daß jedoch nicht alle 2,5 Neutronen weitere Spaltungen auslösten, nur etwa die Hälfte der Neutronen, die von Urankernen absorbiert wurden, brachten diese zur Spaltung. Schließlich fand man heraus, daß nur das Uranisotop mit dem Atomgewicht 235 durch Neutronen spaltbar ist, das Isotop 238 jedoch nicht. Es fängt

Kernspaltung und Kettenreaktion

Daß Atomkerne des Urans gespalten werden können, wenn langsame Neutronen sie treffen, wurde 1938 von Otto Hahn und Fritz Straßmann entdeckt und 1939 von Lise Meitner erklärt. Es stellte sich bald heraus, daß auf ähnliche Weise die Atomkerne aller mittelschweren und schweren Elemente spaltbar sind. Die Uranisotope 233 und 235 sowie die Isotope 239 und 241 des künstlichen Elements Plutonium zeichnen sich jedoch durch eine Besonderheit aus: Bei der Spaltung jedes Atomkerns werden zusätzlich ein bis zwei Neutronen freigesetzt. Dieser Neutronenüberschuß ist die Voraussetzung dafür, daß eine Kettenreaktion in Gang kommt. Die neu entstandenen Neutronen spalten ihrerseits wieder Atomkerne, der Prozeß setzt sich fort. Die Energie, die bei der Spaltung erzeugt wird, erklärt sich durch den sogenannten Massendefekt: Die Ausgangsprodukte haben zusammengenommen eine etwas größere Masse als die Endprodukte, die Massendifferenz wurde nach der Formel

$$E = mc^2$$

in Energie verwandelt. Die Spaltprodukte tragen diese Energie in Form von Bewegungsenergie mit sich fort.

Neutronen ein und sendet dabei Gammastrahlung aus. Wenn man dann noch berücksichtigt, daß die Spaltneutronen »thermisch« sein müssen, also auf Zimmertemperatur, ergibt sich als Bedingung für die Spaltung, daß man die Neutronen erst abkühlt, »moderiert«. Der Moderator muß Atomkerne enthalten, die ein geringes Atomgewicht haben, denn nur leichte Kerne können Neutronen wirkungsvoll abbremsen. Deshalb verwendet man dafür Paraffin (es enthält viel Wasserstoff),

Graphit oder schweres Wasser. Auch der Moderator fängt unter Umständen noch weitere Neutronen auf, so daß schließlich nicht mehr ausreichend viele übrigbleiben, um eine Kettenreaktion in Gang zu setzen. Dazu müßte mindestens ein Neutron pro Spaltung eine weitere Spaltung auslösen.

Die Vision, durch Kernspaltungsreaktionen, die sich durch eine Kettenreaktion selbst aufrechterhalten, Energie zu erzeugen, war von Anfang an ein faszinierender Gedanke. Deshalb untersuchten Forscher äußerst genau, unter welchen Umständen dies möglich sein könnte. Die genannten Einschränkungen stellen große Hemmnisse dar, wenn man Uran spalten will. Es stellte sich jedoch schließlich heraus, daß man mit der Wahl eines geeigneten Moderators und bei einer Anordnung, die so groß ist, daß nur wenige Neutronen durch ihre Oberfläche nach außen verlorengehen können, doch eine Kettenreaktion aufrechterhalten kann.

In einer Sporthalle der Universität von Chicago gelang es Enrico Fermi und seinen Mitarbeitern am 2. Dezember 1942 zum ersten Mal, eine nukleare Kettenreaktion aufrechtzuerhalten. Dazu hatte man Natur-Uran zusammen mit Ziegeln aus reinstem Graphit aufgeschichtet, ein Regelstab, der mit einem Seil am Geländer der Tribüne befestigt war, sollte im Notfall durch einen Axthieb befreit werden und in den Reaktor fallen.

Wohl keine andere Technologie hat die Welt derart verändert wie die Kerntechnik. Sie führte einerseits zur friedlichen Nutzung der radioaktiven Strahlung und der Kernenergie, auf die vielfältige Hoffnungen gesetzt wurden, andererseits aber auch zur Atombombe und einem perversen Rüstungswettlauf sowie zu einer weiträumigen Verseuchung der Erde mit gefährlicher Strahlung, zur Bedrohung von Leben und Gesundheit.

Der atomare Teilchenzoo

Nun hatten die Physiker also zu Beginn der vierziger Jahre ihren Baukasten für das Atom komplettiert: Der Kern besteht aus Protonen und Neutronen, von denen die Protonen je eine positive elektrische Elementarladung tragen. Er wird umkreist von Elektronen, deren negative Ladung die Neutralität des Atoms nach außen garantiert. Sowohl Kern als auch Hülle des Atoms konnten unterschiedliche Energiezustände einnehmen, die durch ganz bestimmte Ausschlußregeln vorgegeben waren. Diese wiederum bestimmte die Quantenmechanik.

All dies hatte man herausgefunden, indem man zuerst die Informationen analysierte, die die Materie von sich aus preisgab, wie Farbe, Gewicht, Strahlung, Zerfall. Dann war man jedoch einen Schritt weitergegangen und hatte damit begonnen, die Elemente mit Strahlen zu beschießen. Das Bombardement mit Alpha-, Beta-, Gamma- und Neutronenstrahlen hatte viele Atome dazu gezwungen, weitere Geheimnisse ihres Aufbaus offenzulegen. Trotzdem ähnelte dieses Vorgehen meist noch immer einem Herumtasten im Dunkeln der Materie. Und nun begann man sich allmählich zu fragen, ob Protonen, Neutronen und Elektronen wirklich die kleinsten Bestandteile des Atoms seien, hatte man doch immerhin durch die Entdeckung des Positrons, des Neutrinos und des Mesons schon Hinweise, daß es da mehr gab als nur die Standardteilchen.

Für den Zweck, ins Innere der Atome oder womöglich noch tiefer, vielleicht sogar in die Bestandteile der Atome hineinzuleuchten, war es jedoch nötig, möglichst feine Instrumente zu benutzen, also möglichst kurze Wellenlängen oder möglichst hohe Energien. Teilchen mit derartig hohen Energien kommen in der Natur nur in der Höhenstrahlung vor. Aber zu ungenau und zu zufällig waren die experimentellen Befunde, die man dabei erhielt. Zu unwägbar waren auch die experimentellen Grundlagen, so ließ sich etwa die Höhenstrahlung nicht vorherberechnen. Man brachte Fotoplatten und Meßgeräte auf hohe Berggipfel oder schickte sie mit Ballons bis in die oberen Schichten der Atmosphäre. Was sie an Spuren und Signalen speicherten, ließ sich auswerten und führte zu teilweise sensationellen neuen Erkenntnissen, dennoch blieb die Tatsache bestehen, daß man mehr oder weniger blind im Nebel stocherte.

Diese Situation änderte sich, als die Physiker damit begannen, ganz gezielt bestimmte Teilchen auf genau vorausberechnete Bahnen zu schicken, sie auf hohe Geschwindigkeiten zu beschleunigen und dann als Geschosse zu benutzen, mit denen sie auf Atomkerne und andere Teilchen zielten. Dieses Vorgehen ähnelt einem Blick durchs Mikroskop, denn auch dort geschieht ja nichts anderes, als daß man Lichtteilchen oder Elektronen auf ein Objekt lenkt und beobachtet, wie es darauf reagiert. Das so entstehende und aufgezeichnete Bild gibt Auskunft über das Aussehen und die Struktur des Objekts. Licht ist aber ein relativ grobes Werkzeug. Es kann nur Strukturen auflösen, die kleiner sind als seine Wellenlänge oder – anders gesprochen – die Energie seiner Teilchen reicht nicht aus, um ins Innere vieler Objekte einzudringen. Elektronen sind aufgrund ihrer höheren Energie dazu bereits besser geeignet, eine noch weitaus höhere Auflösung erzielt man jedoch, wenn man die Elektronen vorher beschleunigt.

Seit Beginn des 20. Jahrhunderts wußte man durch Max Plancks Arbeiten, daß Energie immer in kleinen Paketen, sogenannten Quanten, vorkommt. Egal, ob es sich um eine Welle oder ein Teilchen handelt, immer kann man mit Plancks Formel berechnen, wie groß die Energie des jeweiligen Pakets ist. So stellt sich heraus, daß je kürzer die Wellenlänge ausfällt, desto größer die Energie der dazugehörigen Welle oder des Teilchens ist.

Aus diesem Grund begann man, Geräte zu bauen, die Teilchen auf hohe Energien bringen können, sogenannte Teilchenbeschleuniger. Auf geradem Weg kann man geladene Teilchen durch das Anlegen einer elektrischen Spannung beschleunigen, aber man war dabei naturgemäß durch die Höhe der möglichen Spannung und die räumlichen Verhältnisse begrenzt. Besser wäre es, wenn man Teilchen auf Ringbahnen beschleunigen könnte.

Dies wurde möglich durch die Erfindung eines Mannes, des amerikanischen Physikers Ernest Orlando Lawrence, der 1928 als Assistenzprofessor nach Berkeley, Kalifornien kam. Er machte sich die Tatsache zunutze, daß elektrisch geladene Teilchen im Magnetfeld eine Kreisbahn beschreiben. So konstruierte er ein Gerät, das in etwa aussah wie eine Cremedose, in dem geladene Teilchen – in diesem Fall Protonen – durch ein Magnetfeld auf einer Kreisbahn gehalten und bei jedem Umlauf von einer elektrischen Spannung weiter beschleunigt wurden, sozusagen einen Stoß erhielten.

Durch diese Mehrfachbeschleunigung in vielen kleinen Schritten durch die jeweils gleiche Spannung war es nicht mehr nötig, in einem Schritt eine riesige Spannung anzulegen. Wegen ihrer zunehmenden Geschwindigkeit beschrieben die Protonen immer größere Kreisbahnen, bis sie schließlich am Rand des Geräts mit hoher Geschwindigkeit tangential herausschossen.

Das erste Modell seines »Zyklotrons«, wie Lawrence das Gerät nannte, hatte einen Durchmesser von nur dreizehn Zentimetern, sobald aber das Prinzip bekannt war, begann man, immer größere Ausführungen solcher und ähnlicher Beschleuniger zu bauen. Bald überschritt man die Meter- und Zehnmetergrenze.

Beim CERN zum Beispiel, einem der größten Zentren für Teilchenforschung auf der Welt, läßt sich der Fortschritt an der Größe der Beschleuniger gut ablesen: Das »kleine« Synchrotron, das sogenannte PS, hat einen Durchmesser von zweihundert Metern, das große, SPS genannt, kommt schon auf 2,2 Kilometer, und der große Beschleuniger- und Speicherring LEP hat einen Durchmesser von über acht Kilometern. Je größer der Beschleuniger ist, desto höher ist auch die Energie, die er einem Teilchen mitgeben kann. Die gigantischen Riesenbeschleuniger, die heute in mehreren Ländern der Welt arbeiten, gehen im Grunde alle auf das Lawrencesche Prinzip zurück.

Mit derartigen Beschleunigern versuchten nun die Physiker, dem Geheimnis auf die Spur zu kommen, ob die Bestandteile des Atomkerns noch weiter zerlegbar seien und wie sie zusammenhielten. So schoß man nun schnelle Teilchen auf Atome und beobachtete mit zunehmend komplizierten Apparaturen, welche Bruchstücke dabei entstanden. Außerdem entwickelten die Techniker sogenannte Speicherringe, in denen Teilchen, einmal beschleunigt, lange Zeit umlaufen, bis sie mit anderen, entgegenkommenden Teilchen zusammenstoßen und sich gegenseitig zertrümmern.

Nach und nach entdeckten die Forscher mit Hilfe dieser Anlagen Dutzende neuer Partikel, die teilweise sofort wieder zerfielen oder sich ineinander umwandelten. Der »Teilchenzoo« wurde zum Schlagwort und gleichzeitig zur Herausforderung für die Theoretiker. Im Lauf der Zeit stellte man fest, daß viele Grundbausteine der Materie, wie etwa Protonen oder Neutronen, gar nicht so fundamental waren, wie man lange Zeit angenommen hatte. Auch daß die elektrische Ladung in der Natur immer als Vielfaches der Elektronenladung vorkommt, erwies sich als Trugschluß. Man fand die Drittelladung, die von sogenannten »Quarks« getragen wird.

Schließlich bildete sich eine Theorie heraus, die fast alle Teilchen auf wenige Grundbausteine zurückführt: auf sechs Quarks und sechs »Leptonen«. Damit besitzt diese Theorie eine gewisse Ähnlichkeit mit dem Periodensystem der Elemente. So wie einst Mendelejew die bis dahin bekannten Elemente in ein Schema geordnet hatte und damit in der Lage war, neue Elemente und deren Eigenschaften vorherzusagen, so wurde durch die Einteilung der Elementarteilchen in Familien von Quarks und Leptonen ein Weg gefunden, weitere Elementarteilchen vorherzusagen. In der Tat konnte eine ganze Reihe von ihnen später gefunden werden, eine glänzende Bestätigung der Theorie.

Auf einen kurzen Nenner gebracht, stellt man sich seit den achtziger Jahren den Aufbau der Materie in der Theorie folgendermaßen vor: Sowohl das Neutron als auch das Proton bestehen aus je drei Quarks. Das Elektron als Lepton hingegen zeigte bisher keine Struktur, es gilt nach wie vor als elementar und punktförmig. Es gibt sechs verschiedene Arten von Quarks, ebenso wie es sechs verschiedene Arten von Leptonen gibt. Zum Aufbau der Materie, die uns im Alltag umgibt, tragen allerdings nur zwei Quarksorten bei, das u- und das d-Quark, ferner als einziges Lepton das Elektron. Die stabile Materie ist also nach heutigen Erkenntnissen aus diesen drei elementaren Bausteinen aufgebaut.

Die übrigen Quarks und Leptonen haben aber bei der Entstehung der Materie eine wichtige Rolle gespielt. Kurz nach dem Urknall waren sie massenhaft vorhanden und haben sich danach in Materie der jetzt üblichen Art umgewandelt. Heute tauchen sie nur noch in Ausnahmefällen auf, zum Beispiel in der Höhenstrahlung oder in den großen Teilchenbeschleunigern. Sind Leptonen und Quarks nun wirklich die letzten, nicht mehr teilbaren, »elementaren« Urbausteine der Materie? Wieso sind es gerade zwei mal sechs Bausteine? Viele Physiker bezweifeln, daß man das Geheimnis der Materie aufgeklärt hat, solange für dieses Schema keine einleuchtende Erklärung gefunden ist, und sie stellen die Frage, ob es nicht noch kleinere, wirklich elementare Bausteine gibt, aus denen sich die Quarks und Leptonen zusammensetzen.

Zur Erforschung dieser und ähnlicher Fragen ist eine Generation von Großbeschleunigern in Betrieb. Dazu gehört beispielsweise der Speicherring Hera (Hadron-Elektron-Ringanlage) am Deutschen Elektronen-Synchrotron in Hamburg. Dort werden hochbeschleunigte Elektronen und Protonen zur Kollision gebracht. In dem 6336 Meter langen Ringtunnel 25 Meter unter der Erde laufen in einem Vakuumrohr, das von supraleitenden Magneten umgeben ist, zwei Teilchenstrahlen gegenläufig um. Der eine besteht aus Protonen, also positiv geladenen Wasserstoffkernen, der andere aus den sehr viel leichteren, negativ geladenen Elektronen. An zwei Stellen des Rings befinden sich Meßgeräte, sogenannte Detektoren, in deren Zentrum die Teilchenstrahlen sich jeweils überkreuzen, so daß die Protonen und Elektronen dort zusammenstoßen können.

Sowohl Elektronen als auch Protonen rasen, gebündelt in »Bunches«, fast mit Lichtgeschwindigkeit durch den Beschleuniger. Das heißt, daß sie in jeder Sekunde etwa 47 000 Umläufe durch den Ring zurücklegen. Bei den extrem hohen Aufprallenergien werden bei jedem Zusammenstoß viele neue Teilchen erzeugt. Sie hinterlassen Spuren, die von den beiden zehn mal zehn mal zwanzig Meter großen Nachweisapparaturen »H1« und »Zeus« elektronisch aufgezeichnet werden.

Bei der Auswertung der Meßdaten entstehen »Bilder«, aus denen die Physiker Erkenntnisse über Art und Eigenschaften der Bausteine des Protons sowie über die zwischen ihnen stattfindenden Wechselwirkungen gewinnen. Der Teilchenbeschleuniger wirkt gleichsam wie ein Super-Elektronenmikroskop, mit dem das Innere der Protonen betrachtet werden kann.

Wie man mittlerweile weiß, bestehen sie – wie schon erwähnt – aus je drei kleineren Teilchen, den Quarks, die aber nicht frei existieren können. Wenn nun die hochbeschleunigten Elektronen auf die Protonen auftreffen, dringen sie in diese ein und werden an den Quarks gestreut, wobei neue Teilchen entstehen. Die Fachwelt erwartet davon wichtige Ergebnisse, die zum Beispiel die Frage beantworten, ob die Quarks und die Elektronen aus noch kleineren Teilchen bestehen oder selbst die Urbausteine der Materie sind.

Bis vor wenigen Jahren konnte man bei Experimenten dieser Art nur beschleunigte Elektronen auf eine ruhende Materieprobe schießen und dabei Bausteine in der Größenordnung von Protonen und Neutronen, also den Kernteilchen, untersuchen. Dadurch, daß bei Hera sowohl die Elektronen als auch die Protonen beschleunigt werden, ist die Auftreffenergie um ein Vielfaches höher. Aus diesem Grund wird man damit die Bausteine der Materie rund zehn Mal genauer analysieren können, als dies bisher möglich war, und Hera ist deshalb in seiner Art einmalig auf der Welt. Es ist die einzige Anlage, in der zwei verschiedene Teilchenarten bei unterschiedlichen Energien miteinander kollidieren. Andere Anlagen, wie zum Beispiel am CERN in Genf oder am Fermilab bei Chicago, arbeiten jeweils mit Teilchen der gleichen Sorte (oder deren Antiteilchen), die aufeinanderprallen. Hera ist eine technisch äußerst komplizierte, asymmetrische Maschine, ihr Bau hat 1010 Millionen Mark gekostet, heute arbeiten rund achthundert Wissenschaftler aus 16 verschiedenen Nationen an den Experimenten dort.

Verborgene Symmetrien aufspüren – so beschreiben die Forscher am Forschungszentrum CERN bei Genf ihr Ziel, wo der zur Zeit weltgrößte Speicherring arbeitet, bei dem Protonen auf Protonen geschossen werden (der supraleitende 26,7 Kilometer lange Speicherring dürfte um die drei Milliarden Mark gekostet haben).

Daß die Teilchenphysiker derart große Hoffnungen auf diesen Beschleuniger setzen, hat seinen Grund in der extrem hohen Energie, mit der hier die Protonen gegeneinander geschossen werden. Beim Zusammenprall der Protonen entstehen Energieblitze, die nach der Formel $E = mc^2$ mehr als tausend Protonenmassen entsprechen. In der Nähe dieser magischen Grenze, vermuten die Teilchenphysiker, wird man das sogenannte Higgs-Boson finden können. Es soll Auskunft darüber geben, wie die Masse der Teilchen überhaupt entsteht.

Das Ziel der Theoretiker ist wie schon seit Jahrtausenden der alte Traum von einer allumfassenden Weltformel mit bestechender Klarheit und Schönheit. Ihn hatte schon Albert Einstein geträumt, ebenso Werner Heisenberg.

Für den Physiker heißt diese Forderung »Symmetrie«: Die mathematischen Gleichungen einer Theorie dürfen sich bei bestimmten Transformationen nicht ändern. Daß im Kosmos kurz nach dem Urknall Gesetze herrschten, die klar, einfach und vollkommen symmetrisch waren, diese Vorstellung läßt die Theoretiker nicht los. So suchen sie nach Symmetrien, die sowohl die Kräfte als auch die Teilchen in ein einheitliches Schema zwingen. Das Higgs-Teilchen, nach dem nun gefahndet wird, kann den Theoretikern bei ihrer Entscheidung helfen, welchen Weg sie bei ihren Überlegungen in Zukunft einschlagen müssen. So lag es nahe, eine Symmetrie zwischen den Quarks und den Leptonen (zu denen beispielsweise Elektronen und Neutrinos gehören) zu postulieren. Die GUT, die »Grand Unified Theory«, deren erste Form Anfang der siebziger Jahre aufgestellt wurde, schlägt vor, daß Quarks in Leptonen übergeführt werden können und umgekehrt.

Dies hätte jedoch eine folgenschwere Konsequenz. Es könnte passieren, daß sich ein Quark im Inneren eines Protons oder Neutrons spontan in ein Lepton umwandelt, zum Beispiel ein d-Quark in ein Positron. Das Proton zerfällt dadurch beispielsweise in ein Positron und ein neutrales Pion. Eine beängstigende Vorstellung, denn damit wäre unsere gesamte Materie nicht mehr stabil.

Selbstverständlich haben sich Experimentalphysiker sofort darangemacht zu untersuchen, ob das Proton nun wirklich instabil ist. Ein schwieriges Unterfangen, denn die theoretischen Vorhersagen haben ergeben, daß die Lebensdauer des Protons etwa 10^{30} Jahre sein müßte, eine Zeit, die das Alter des Universums (zirka 10^{10} Jahre) um viele Größenordnungen übersteigt. Man kann eine gültige Aussage aber dann erreichen, wenn man sehr viele Protonen gleichzeitig beobachtet. Bei 10^{30} Protonen müßte dann nach den Gesetzen der Wahrscheinlichkeit im Mittel jedes Jahr eines zerfallen. Genau dies überprüft man in mehreren Experimenten in Europa, den USA, Indien und Japan. Dort beginnt zur Zeit das größte derartige Unterfangen mit dem Namen »Superkamiokande«. Bisher konnte aber noch kein Hinweis gefunden werden, daß das Proton instabil ist.

Beschleuniger und Speicherringe sind Hilfsmittel, die geladene Teilchen auf hohe Energien bringen können. Weit subtiler ist der Umgang mit Neutronen, die ja keine elektrische Ladung tragen. Aber auch sie haben die Experimentatoren inzwischen »gezähmt« und für viele Zwecke genutzt, denn gerade ihre Neutralität ist eine Eigenschaft, die sie geeignet macht für Untersuchungen, bei denen die Ladung nur stören würde. Das Neutron kann, da es vom geladenen Atomkern und ebenso von der Elektronenhülle nicht elektrisch abgelenkt wird, fast ungehindert durch Materie hindurchfliegen und wird lediglich dann beeinflußt, wenn es mechanisch abgelenkt wird. Damit gibt es dem Physiker die Möglichkeit, Objekte zu durchleuchten, frei vom störenden Einfluß elektrischer oder magnetischer Felder.

In großen Mengen erhält man Neutronen in Kernreaktoren, wo sie bei den Spaltprozessen frei werden und nach allen Seiten davonfliegen, für gezielte Untersuchungen benötigt man aber meist einen geordneten Strahl, bei dem alle Teilchen in die gleiche Richtung fliegen und möglichst auch noch die gleiche Geschwindigkeit haben. Um dies zu erreichen, sind eine ganze Reihe von Geräten notwendig, die Neutronen führen, ausblenden, abbremsen und bündeln. Durch Blenden und Strahlrohre führt man zunächst einen Teil der Neutronen aus dem Reaktor heraus.

Noch sind diese Teilchen aber so schnell, daß sie das Untersuchungsobjekt in den meisten Fällen ungehindert durchstrahlen würden, ohne irgendeine meßbare Wirkung zu zeigen. Fazit: Man muß sie abbremsen.

Am Höchstflußreaktor in Grenoble, der zur Zeit stärksten Neutronenquelle Europas, geschieht dies in zwei Schritten: Zunächst fliegen die Neutronen noch mit einer Geschwindigkeit von durchschnittlich 2200 Metern pro Sekunde aus dem Reaktor heraus. Sie werden dann durch ein Gefäß mit flüssigem Deuterium, also schwerem Wasserstoff, geleitet, wo sie mit den sehr kalten Deuteriumkernen bei einer Temperatur von minus 248 Grad Celsius zusammenstoßen und dabei den größten Teil ihrer Energie verlieren. Sie verlassen den Tank mit einer Durchschnittsgeschwindigkeit von nur noch 645 Metern pro Sekunde. Nun führt man sie zu einer sogenannten Neutronenturbine, einem Rad mit dem Radius von 85 Zentimetern, das sich in Richtung des Neutronenstrahls dreht. Wenn ein Neutron auf eine Schaufel dieses Rades trifft, verliert es an Geschwindigkeit, weil die Schaufel während des Zusammenstoßes zurückweicht. So gelingt es, einen intensiven Strahl von Neutronen zu erzeugen, die nur noch 6,2 Meter pro Sekunde schnell sind. Man bezeichnet sie als »ultrakalt«.

Da Neutronen nicht durch elektrische und magnetische Felder zu beeinflussen sind, muß man andere Maßnahmen ergreifen, um sie an die Stelle zu transportieren, wo man sie benötigt. Man macht sich dabei die Tatsache zunutze, daß sich Neutronen – wie alle Teilchen – gleichzeitig wie ein Partikel und eine Welle verhalten.

Unter bestimmten Bedingungen lassen sich Neutronen wie Licht behandeln, sie können zum Beispiel reflektiert werden. Dazu benötigt man besondere Kristalle, deren Gitterabstände gerade so groß sind, daß die Neutronenwellen daran zurückgeworfen werden. Mit solchen Kristallen oder mit dünnen, aufgedampften Metallschichten kann man Neutronen sogar um eine Kurve leiten.

Da Neutronen nur mechanisch reflektiert werden, kann man sie dazu benutzen, Dinge zu durchleuchten, die aus unterschiedlichen Materialien zusammengesetzt sind. So wurde beispielsweise ein Gerät entwickelt, das es erlaubt, versteckte Feuchtigkeit in Wänden aufzufinden, ohne daß man das Bauwerk beschädigen muß. Die Neutronen werden von den Molekülen des Steins anders reflektiert als von denen des Wassers. Aus der Verteilung der zurückgeworfenen Neutronen läßt sich berechnen, wo in der Wand wieviel Wasser sitzt. Entsprechend untersucht man Metallegierungen. Auch Einschlüsse, Risse und Luftblasen kann man auf diese Weise von außen ausfindig machen.

Auch bei kunsthistorischen Untersuchungen werden Neutronen angewandt. Bestrahlt man beispielsweise ein Gemälde mit Neutronen, so erzeugen diese in den Farbstoffen radioaktive Isotope, die mit einer charakteristischen Halbwertszeit zerfallen, wobei sie Beta- oder Gammastrahlung aussenden. Diese Strahlung kann man durch die Schwärzung eines Films nachweisen. Wenn man nun in verschiedenen Zeitabständen auf das aktivierte Gemälde einen Film legt, kann man die einzelnen Farbstoffe unterscheiden, weil ihre Isotope unterschiedlich schnell zerfallen. So ergibt sich etwa wenige Stunden nach der Aktivierung das Bild von Mangan, nach rund vier Tagen das von Phosphor. Ohne die Gemälde zu zerstören, kann man so verschiedene Farbschichten oder die Entwürfe des Meisters erkennen oder auch mögliche Fälschungen aufdecken.

Weitaus komplizierter ist die Analyse organischer Moleküle. Je nach ihrer Struktur lenken sie die Neutronen in ganz charakteristische Richtungen ab. Ausgefeilte Computerprogramme ermöglichen es anschließend, von dem erzeugten Bild auf die Struktur des Moleküls Rückschlüsse zu ziehen.

Eine Grundvoraussetzung für derartige Untersuchungen ist, daß man über Detektoren verfügt, die Neutronen nachweisen können, und daß man in der Lage ist, ihre Energie zu messen. Dazu dienen heute Geräte ähnlich dem Geigerzähler, denn ähnlich wie radioaktive Strahlung lösen auch Neutronen in einem solchen Zählrohr elektrische Reaktionen aus, indem sie Elektronen von den Atomkernen wegschlagen. Die so entstehenden winzigen Impulse werden elektronisch verstärkt und gemessen.

Ein anderes, genaueres Verfahren ist die Verwendung von Szintillationszählern: Es handelt sich dabei um das Auslösen winzigster Lichtblitze in Kristallen durch das Eindringen eines Neutrons. Auch diese Blitze kann man elektronisch verstärken und registrieren.

Kristalle spielen auch eine große Rolle bei der Bestimmung der Energie von Neutronen. An bestimmten Gitterstrukturen werden nämlich nur die Neutronen reflektiert oder abgelenkt, die eine ganz bestimmte Geschwindigkeit haben. So bewirkt ein solcher Kristall eine Aufspaltung des Neutronenstrahls gemäß seiner Energie. Man kann sich den Mechanismus ähnlich vorstellen wie bei der Zerlegung von weißem Licht in einem Prisma. Auch dort werden die verschiedenen Wellenlängen unterschiedlich stark abgelenkt.

Bei sehr kalten Neutronen gibt es noch eine andere, verblüffend einfache Methode zur Energiemessung, das sogenannte Schwerkraft-Diffraktometer.

Wie jede Materie werden auch die Neutronen durch die Schwerkraft der Erde angezogen, das heißt, sie fallen zu Boden. Natürlich nicht in der Luft, denn dort werden sie durch Stöße mit den Gasmolekülen immer wieder nach oben geschleudert, so daß sie praktisch nicht fallen können. Aber in einem leer gepumpten Gefäß beschreiben sie eine Bahn wie eine Gewehrkugel: Je schneller sie fliegen, desto später treffen sie auf dem Boden auf. So kann man aus dem Auftreffpunkt ihre Energie berechnen.

In der Neutronenforschung sind aber nicht immer nur die Neutronen das Instrument, mit dem man etwas anderes untersucht. Auch die Teilchen selbst sind mittlerweile zu hochinteressanten Forschungsobjekten geworden. Mit immer feineren Meßgeräten ist es beispielsweise gelungen, ihr Verhalten in elektrischen und magnetischen Feldern zu untersuchen. Dabei stellte sich heraus, daß Neutronen doch nicht ganz neutral sind.

Sie benehmen sich nicht wie völlig ungeladene Kügelchen, sondern sie beginnen in den Feldern geringfügig zu »taumeln«. Aus dieser Erscheinung läßt sich der Schluß ziehen, daß innerhalb der Neutronen elektrische Ladungen existieren, die etwas unsymmetrisch verteilt sind. Diese Erkenntnis befindet sich in Übereinstimmung mit der Theorie, daß jedes Neutron aus drei Quarks besteht, die ihrerseits je eine elektrische Drittelladung tragen. Sie erzwingen die leichte Taumelbewegung des Teilchens. So haben ganz unterschiedliche Zweige der Physik in diesem Fall letztlich das gleiche Ergebnis erbracht.

Die Entstehung der Elemente

Ein anderes Gebiet, bei dem sich die Kernphysik diesmal mit der eigentlich weit von ihr entfernten Astrophysik berührt, ist die Entstehung der Elemente, die wir heute in der Welt vorfinden. Wir kennen etwa 270 stabile und über 1600 instabile Atomkerne. Eine Vielzahl von Erkenntnissen und Spekulationen wurde inzwischen zusammengetragen, um zu erklären, wie aus einem punktförmigen Energieball ohne jede Materie,

wie er beim Urknall existiert haben muß, in einigen Jahr-
milliarden die Elemente von Wasserstoff bis Uran entstanden
sein können. Um eine Erklärung dafür zu finden, mußten die
Physiker davon ausgehen, daß es nicht nur die Kernspaltung
gibt, sondern auch das Gegenteil, nämlich die Verschmelzung
leichter Kerne zu etwas schwereren, die sogenannte »Kernfusion«.

Begonnen hatte diese Idee mit der Überlegung, mit welchem Mechanismus die Sonne und viele Sterne ihre Energie
erzeugen. Er wurde schließlich von zwei Wissenschaftlern
unabhängig voneinander entdeckt: Bei der ›Physikalischen
Zeitschrift‹ ging am 23. Januar 1937 ein Aufsatz von Carl
Friedrich von Weizsäcker ein, der den Titel trug ›Über Ele-
mentumwandlungen im Inneren der Sterne‹.

Darin postulierte der Physiker, daß beispielsweise im Inneren der Sonne bei energiereichen Stößen Wasserstoffkerne
zu Helium verschmelzen sollten. Die hohen Geschwindigkeiten würden dazu führen, daß die jeweils positiv geladenen
Kerne ihre gegenseitige elektrische Abstoßung überwinden
könnten.

Am 23. Juni 1938 lag der Zeitschrift ›Physical Review‹ ein
ähnlicher Artikel von Hans Bethe und Charles Critchfield vor.
In diesem und dem gut ein Jahr später folgenden führte Bethe
aus, wie unter Zuhilfenahme von Kohlenstoff- und Stickstoffkernen letztlich aus vier Wasserstoffkernen Helium entstehen
kann.

Seine Berechnungen ergaben gut übereinstimmende Wer-
te für die Energieproduktion und die Temperatur der Sonne.
Heute ist dieser Zyklus unter dem Namen »Bethe-Weizsäcker-Zyklus« allgemein als Erklärung für die Abläufe in der
Sonne anerkannt.

Es erscheint seltsam, daß einerseits bei der Spaltung schwerer Elemente Energie freigesetzt wird, andererseits aber auch
bei der Verschmelzung leichter Kerne. Der Widerspruch löst

sich auf, wenn man betrachtet, wie hoch die Bindungsenergie zwischen den Nukleonen innerhalb des Atomkerns ist. Das Tröpfchenmodell leistet auch hier wieder gute Dienste. Im Atomkern arbeiten zwei Mechanismen gegeneinander: einerseits die Kernkräfte zwischen Protonen und Neutronen, die heute als starke Wechselwirkung bezeichnet werden und nur auf allerkürzeste Distanzen wirken, andererseits die elektrische Abstoßung der gleichnamigen Ladung der Protonen. Diese Abstoßung muß durch die anziehenden Kräfte der Nukleonen kompensiert werden, damit der Kern zusammenhält.

Normalerweise sind die Kerne am stabilsten, in denen die Anzahl der Protonen und Neutronen gleich hoch ist. Dies zeigt sich schon bei den leichtesten aller geradzahligen Kerne. Für die Kombination aus zwei Nukleonen gibt es drei Möglichkeiten: Proton-Proton, Neutron-Neutron und Proton-Neutron.

In der Natur existiert nur die letzte Kombination, bei der die Anzahl der beiden Teilchensorten gleich ist. Auch das Alphateilchen, das aus je zwei Protonen und Neutronen besteht, ist ein besonders stabiles Gebilde. Und das häufigste stabile Isotop des Sauerstoffs, nämlich Sauerstoff 16, besteht aus acht Protonen und acht Neutronen.

Andererseits sorgen die Neutronen dafür, die Protonen im Kern zu »verdünnen« und damit ihre Abstoßung zu mindern. Für schwerere Kerne ist es ist daher günstig, wenn sie mehr Neutronen als Protonen enthalten.

Aber die Ausschlußregeln der Quantenmechanik verhindern ein zu großes Übergewicht einer Teilchensorte, und sie bewirken auch, daß bei bestimmten Ordnungszahlen besonders stabile Kerne entstehen. Diese Zahlen werden als »magische Zahlen« bezeichnet: 2, 8, 20, 28, 50 und 82 gehören dazu.

Nur weil die starke Wechselwirkung innerhalb des Kerns um ein Vielfaches stärker ist als die elektrische Abstoßung, gibt es überhaupt stabile Kerne. Die höchste Bindungsenergie pro Nukleon hat Eisen 56, das 26 Protonen und 30 Neutronen enthält. Von diesem Maximum aus fällt die Bindungsenergie pro Nukleon sowohl zu den schwereren als auch zu den leichteren Kernen hin ab. Man kann das plausibel erklären: Mit wachsendem Atomgewicht nimmt das Verhältnis von Oberfläche zu Volumen eines Atomkerns ab, die mittlere Anzahl der nächsten Nachbarn jedes Nukleons wächst demzufolge und damit auch die mittlere Bindungsenergie pro Nukleon.

Eigentlich müßten aus diesem Grund Atomkerne immer stabiler werden, je größer sie sind, diese Tendenz wird aber aufgehoben durch die elektrische Abstoßung zwischen den Protonen. Sie ist eine langreichweitige Kraft, das heißt, sie wirkt auch noch auf Distanzen, bei denen die Kernkraft nicht mehr spürbar ist. Wird also der Kern zu groß, dominieren die elektrischen Kräfte aufgrund seiner Abmessungen immer stärker die Wechselwirkung in seinem Inneren, deshalb werden Atomkerne, die schwerer sind als Eisen 56, mit zunehmendem Atomgewicht allmählich immer weniger stabil, bis hin zu den radioaktiven Elementen, die instabil sind und zerfallen.

Aus den hier geschilderten Zusammenhängen wird klar, warum man Energie sowohl durch die Spaltung als auch durch die Verschmelzung von Atomkernen freisetzen kann. Da das Maximum der Bindungsenergie bei der Massenzahl 56 liegt, kann unterhalb des Atomgewichts die Verschmelzung zu schwereren Kernen und oberhalb die Spaltung in leichtere Kerne stattfinden. Beide Prozesse führen zu einem jeweils stabileren Zustand.

Die Existenz magischer Zahlen bei den Atomkernen hat Spekulationen Auftrieb gegeben, daß es vielleicht auch jenseits des Urans superschwere Elemente geben könnte, die stabil sind, weil ihre Protonenzahl eine magische ist. So ist die

Zahl 114 wieder eine magische Zahl. Deshalb versuchen Forscher, schwere Kerne künstlich herzustellen, um möglicherweise eine neue »Insel der Stabilität« im Periodensystem zu finden.

Früher geschah dies durch den sukzessiven Einbau von Neutronen in vorhandene schwere Kerne mit anschließendem Beta-Zerfall, der die eingestrahlten Neutronen in Protonen umwandelte. Mit dieser Methode kommt man allerdings über die Ordnungszahl 100 nicht hinaus. Noch schwerere Kerne werden heute in großen Beschleunigern (wie zum Beispiel bei der Gesellschaft für Schwerionenforschung in Darmstadt) durch die Verschmelzung zweier leichterer Kerne hergestellt. In der Praxis sieht das so aus: Ein Schwerionenbeschleuniger schießt schnelle Ionen auf eine Folie, die ihrerseits relativ schwere Atome enthält. Wenn man Glück hat, treffen sich zwei Kerne und verschmelzen miteinander.

Glück ist es natürlich nicht allein. Die Energie der anfliegenden Atomkerne muß möglichst genau so eingestellt werden, daß sie im Zielgebiet zur Ruhe kommen, sozusagen eine Punktlandung auf ihrem Partneratom ausführen. Nur in diesem Fall beginnt zwischen den Nukleonen der beiden Kerne die starke Wechselwirkung zu greifen. Dieser Idealfall tritt jedoch im allgemeinen nicht ein.

Normalerweise entsteht beim Zusammenstoß ein hochangeregter Kern, den seine Schwingungen schnell wieder zum Zerplatzen bringen. Die wenigsten dieser Atome sind so lange haltbar, daß sie mit Meßgeräten nachgewiesen werden können. Das Element 107 ist in Darmstadt durch die Verschmelzung von Chrom mit Wismut entstanden, das Element 109 aus Eisen und Wismut. Es zerfiel nach fünf tausendstel Sekunden in das Element 107, das ebenfalls sofort weiter zerfällt. Inzwischen haben sich die Forscher immer näher an die erhoffte stabile Insel herangetastet: Im Februar 1996 wurde zum ersten Mal das Element 112 nachgewiesen, man hatte es durch

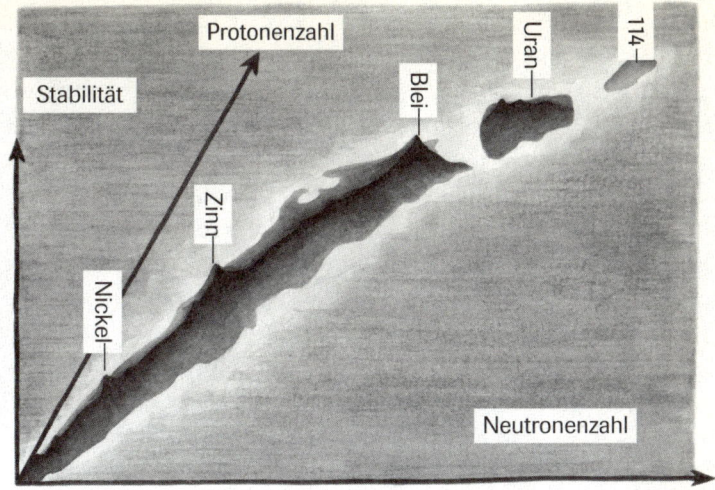

Trägt man die Atomkerne geordnet nach ihrer Protonen- und Neutronenzahl in ein Diagramm ein, ergeben sich *Inseln der Stabilität*. Forscher hoffen, daß jenseits der heute bekanntenKerne noch weitere Inseln existieren – die nächste wird bei der *magischen* Zahl 114 erwartet.

die Verschmelzung eines Zinkatoms mit einem Bleiatom erzeugt.

Magische Atomkerne haben offensichtlich auch dafür gesorgt, daß bestimmte Elemente um die Massenzahl 60 herum im Weltall weit häufiger vorkommen als andere Elemente. Diese Beobachtung hat dazu beigetragen, daß man heute ziemlich genaue Vorstellungen von der Entstehung der Elemente im Lauf der Weltgeschichte hat.

Man weiß, daß Wasserstoff mit zwei Dritteln der Masse das bei weitem häufigste Element ist, gefolgt von Helium; der gesamte Rest der schwereren Elemente kommt zusammen auf nur wenige Gewichtsprozent. Als sich nach dem Urknall der Kosmos allmählich so weit abkühlte, daß sich Protonen und

Neutronen gebildet hatten, begannen diese, sich miteinander zu verbinden und Heliumkerne zu bilden.

Nun wissen wir heute, daß Neutronen nur im Atomkern stabil sind. Freie Neutronen zerfallen meist innerhalb einer Viertelstunde in ein Proton und ein Elektron. Das Einfangen von Neutronen durch Protonen und später durch Heliumkerne in den ersten Minuten des Weltalls muß also recht schnell vor sich gegangen sein. Aus der Menge des heute noch vorhandenen Heliums kann man Rückschlüsse darauf ziehen, wie schnell sich der Kosmos abgekühlt hat – und damit auch auf die Geschwindigkeit, mit der nach dem Urknall die Materie auseinandergeflogen ist.

Nun gab es also schon Wasserstoff, auch Deuterium und Tritium sowie Helium. Die schwereren Elemente müssen später im Inneren der Sterne entstanden sein, zum Teil durch Einfang von Neutronen, zum Teil durch die Verschmelzung leichterer Kerne, etwa nach dem Bethe-Weizsäcker-Zyklus. Kohlenstoff, der aus der Verschmelzung von drei Alphateilchen entstanden sein kann, spielte dabei die Rolle eines Katalysators. Sobald die Kerne magische Zahlen erreicht hatten, waren sie stabiler als andere und blieben länger erhalten. Deshalb kommen sie heute häufiger vor als andere. Die Kernfusion in der Gluthitze der Sternzentren verschmolz die leichteren Kerne etwa bis hin zur Massenzahl 60, also in der Nähe des Eisens. Die schwereren Kerne entstanden ebenfalls im extrem heißen Inneren von Sternen durch Neutroneneinfang. Aber diese beiden Prozesse erklären nicht, wie Elemente entstanden sein konnten, die schwerer sind als die Massenzahl 140. Hier befindet sich eine physikalische Grenze, die durch normalen Neutroneneinfang nicht überschritten werden kann. Aber es gibt nachweislich Elemente mit höherem Atomgewicht, auch bei uns auf der Erde.

Das Geheimnis der Entstehung der schweren Elemente wurde erst durch eine astronomische Entdeckung gelüftet.

Man entdeckte hin und wieder am Himmel gewaltige Sternexplosionen, die Astronomen sprechen von einer »Supernova«. In ihr wird die Hülle eines Sterns mit Geschwindigkeiten von Tausenden von Kilometern pro Sekunde in den Raum geschleudert. Gleichzeitig herrschen im Inneren des verbleibenden Sternrests Temperaturen von Milliarden Grad, und es entstehen dort so viele Neutronen, daß die vorhandenen Atomkerne nicht mehr einzelne Neutronen einfangen, sondern ganze Pakete und sich damit in die schwersten Elemente verwandeln.

Diese Erkenntnis ist erstaunlich, sagt sie doch aus, daß jedes Atom, das schwerer ist als 140, also beispielsweise das gesamte Gold, Blei oder Quecksilber auch auf der Erde einst in einer Supernova-Explosion entstanden sein muß. So gesehen wird der Mensch auch in einem ganz materiellen Sinn zu einem echten Kind des Weltalls.

Vom Nutzen und Schaden der Radioaktivität

Zu der Zeit, als Otto Hahn 1938 auf die Kernspaltung stieß, begannen die deutschen Vorbereitungen zum Krieg, marschierten deutsche Truppen bereits in Prag ein. Da inzwischen das Potential der Kernspaltung, nämlich die Freisetzung großer Energiemengen, bekannt war, befürchteten Wissenschaftler in den USA, allen voran der Ungar Leo Szilard, aber auch Eugen Wigner, Edward Teller, der Österreicher Victor Weisskopf und Enrico Fermi, Hitler könne das Know-how der deutschen Forscher dazu nutzen, eine Atombombe bauen zu lassen. Niemand ahnte damals, daß man die technischen Möglichkeiten der Deutschen weit überschätzte. In Wirklichkeit wäre man mit den dort vorhandenen Kenntnissen nicht in der Lage gewesen, eine Atombombe zu bauen. Man experimentierte zwar bis zum Kriegsende im baden-württembergischen Haigerloch an einer Anordnung mit Natur-Uran und schwerem Wasser, doch war man, wie sich nach dem Krieg zeigte, von einer Kettenreaktion weit entfernt. Niels Bohr hatte die Kernspaltung durchgerechnet und dabei herausgefunden, daß es das Uranisotop 235 sein mußte, das gespalten wurde, dies ist aber im natürlichen Uran nur in Spuren vorhanden, so daß es zum Bau einer Bombe vorher angereichert hätte werden müssen. Trotzdem, aus Angst vor der Gefahr einer deutschen Atombombe wurde ein Brief im März 1939 an Präsident Roosevelt übergeben. Es war Leo Szilard, der seinen guten Freund Albert Einstein überzeugte, den von ihm entworfenen, berühmt gewordenen Brief an den Präsidenten zu schreiben, in dem die Regierung der Vereinigten Staaten dringend aufgefordert wird, ein Sofortprogramm zur Entwicklung einer Atombombe in die Wege zu leiten. Roosevelt erhielt den Brief 1939, aber bis 1942 gab es keine ernstzunehmende Reaktion. Erst unter dem zunehmenden Druck von Szilard, Wigner und vor allem von Ernest O. Lawrence in Berkeley gewährte die Regierung schließlich 1942 ihre volle Unterstützung für die Entwicklung einer Atombombe und setzte ein Sofortprogramm unter General Leslie R. Groves in Gang.

Bei diesem Programm, dem sogenannten Manhattan-Projekt, das in einer möglichst abgelegenen Gegend bei Los Alamos im Bundesstaat New Mexico praktisch aus dem Boden gestampft wurde, galt es, vielfältige physikalische Probleme zu überwinden: Man mußte entweder das Uranisotop 235 von dem Isotop 238 trennen, was einen ungeheuren technischen Aufwand erfordert, oder Plutonium in einem Reaktor erbrüten. Hierbei engagierte sich insbesondere Lawrence. Man mußte ferner die physikalischen Grundlagen für die gesamte Kernphysik und die Waffentechnologie so genau erarbeiten, daß der Bau einer Bombe überhaupt erst möglich wurde – und all dies unter einem gewaltigen Zeitdruck.

Der weltberühmte Theoretiker Richard Feynman, der später für andere Arbeiten den Nobelpreis erhielt, war als ganz junger Mann ebenfalls am Manhattan-Projekt beteiligt. Er schrieb später darüber: »Die ganze Wissenschaft hörte während des Krieges auf, ausgenommen das, was in Los Alamos gemacht wurde. Und das war nicht viel Wissenschaft, es war zum größten Teil Technik.« Unter der wissenschaftlichen Leitung von Robert Oppenheimer arbeiteten damals praktisch alle bedeutenden Physiker und eine Unzahl junger aufstrebender Talente am Bau der Atombombe mit. Obwohl im Grunde beliebige Geldmittel zur Verfügung standen, blieb der finanzielle Aufwand relativ bescheiden: In runden Zahlen beliefen sich die Kosten auf etwa drei Milliarden Dollar zum Kurs von 1940.

Das Ziel, eine Bombe zu bauen, die die gewaltigen Energiemengen, die im Atomkern stecken, schlagartig freisetzt, war wissenschaftlich betrachtet noch weit ehrgeiziger als die Vorstellung, die Kernenergie friedlich zu nutzen. Denn für letzteres genügt es, wenn eine Kettenreaktion in Gang gebracht wird, die sich stetig selbst erhält, das heißt, bei jeder Kernspaltung muß im Durchschnitt eines der freigesetzten Neutronen in der Lage sein, eine erneute Spaltung herbeizuführen. Für eine Bombe war es jedoch nötig, eine ganze Lawine von Spaltungen in Gang zu setzen, damit die Energie auf einen Schlag gigantische Ausmaße annimmt. Keiner wußte zunächst, ob dies rein physikalisch überhaupt möglich sein würde. Als die Theoretiker jedoch grünes Licht gaben, begannen Versuche, die zum Teil so gefährlich waren, daß sie einigen der Experimentatoren das Leben kosteten.

Um die erwähnte Lawine von Spaltungsreaktionen zu erzeugen, ist es nötig, daß pro Spaltung mehr als ein Neutron in der Lage ist, eine weitere Spaltung herbeizuführen. Es sollten sogar möglichst viele sein, um die Lawine schnell ansteigen zu lassen: Wären es jeweils zwei neue Spaltungen, stiege die Anzahl bei jedem Schritt um den Faktor zwei an: 1, 2, 4, 8, 16 und so fort. Bei einem höheren Faktor wäre der Anstieg natürlich dramatischer.

In den nächsten Jahren drehte sich in Los Alamos alles darum, diese Lawine von Spaltungen möglich zu machen. Nachdem Niels Bohr bewiesen hatte, daß Uran 235 das Isotop sei, das sich durch thermische Neutronen am besten spalten ließe, begann man, Verfahren zu erproben, mit denen man dieses seltene Isotop, von dem sich nur sieben unter tausend Atomen Natur-Uran befinden, anzureichern. Dies war wohl der teuerste Teil des Unternehmens. Man stampfte Anfang der vierziger Jahre in Oak Ridge im US-Staat Tennessee eine militärische Stadt aus dem Boden, die mit 79 000 Einwohnern zur fünftgrößten Stadt des Bundesstaates wurde. Dort begann

1943 mit gigantischem Aufwand eine Anlage nach dem Prinzip des sogenannten Calutrons zu arbeiten, einer Weiterentwicklung des Massenspektrographen. Kein Aufwand war zu groß. So reichte beispielsweise das in den USA verfügbare Kupfer für die Drahtwindungen in den Tausenden von hochpräzisen Calutrons nicht aus. Man mußte auf Silber ausweichen. Das Schatzamt lieh dafür Silber im Wert von dreihundert Millionen Dollar aus. Erst nach dem Krieg erhielt es das Silber wieder zurück.

Gleichzeitig beschritt man aber noch einen zweiten, parallelen Weg. Im Juli 1940 hatte sich der deutsche Physiker Carl Friedrich von Weizsäcker mit der Frage befaßt, was wohl mit Uran 238, dem häufigsten Uranisotop, geschehen würde, wenn man es starkem Neutronenfluß aussetzen würde. Er vermutete, daß manche der Uranatome ein Neutron aufnehmen würden, ohne dabei zu zerplatzen, und sich in ein Transuran mit der Ordnungszahl 93 oder gar 94 verwandeln könnten. Dies war genau die Reaktion, die Fermi in den dreißiger Jahren vergeblich gesucht hatte. Inzwischen waren jedoch die Analysemethoden feiner, und so gelang es im Januar 1941 im kalifornischen Berkeley dem Team um Theodore Glenn Seaborg zum ersten Mal, durch Beschuß von Uran mit Neutronen Spuren des Elements mit der Ordnungszahl 94 herzustellen. Man nannte es Plutonium. So gering die hergestellte Menge auch war, sie reichte aus, um zu beweisen, daß das neue Element alle vorhergesagten Eigenschaften besaß, es war also auch in der Lage, als Spaltstoff in einer Bombe eingesetzt zu werden.

Nun begannen neben der Isotopenanreicherung im Uran also weitere Bemühungen, Plutonium herzustellen. Daß die Ausbeute durch Bestrahlung in einem Beschleuniger viel zu gering sein würde, war von Anfang an klar, aber man erhoffte sich, durch hohe Neutronenflüsse in einem Reaktor Plutonium aus Uran regelrecht »erbrüten« zu können.

Nachdem Fermi in Chicago bewiesen hatte, daß ein Reaktor realisierbar ist, wurde in Hanford im US-Bundesstaat Washington eine Geheimstadt mit mehr als 45 000 Arbeitern aufgebaut. Dort errichtete man innerhalb kürzester Zeit drei Brutreaktoren, die Plutonium erzeugen sollten, und im September 1944 nahmen die Anlagen ihre Arbeit auf.

Neben der Beschaffung des Spaltstoffes gab es aber weitere technisch-physikalische Probleme, die man beim Bau der Atombombe noch lösen mußte. Da viele Neutronen durch die Oberfläche des Spaltstoffes entweichen und dann nicht mehr für weitere Spaltungen zur Verfügung stehen, kümmerte man sich ferner darum, Anordnungen zu erfinden, bei denen die Oberfläche möglichst gering ist im Vergleich zum Volumen. Logischerweise gelangte man damit zur Kugelform. Je größer die Kugel ist, desto weniger Neutronen verliert man nach außen. Man nannte nun die Menge Spaltstoff, die so groß war, daß gerade genügend Neutronen im Inneren blieben, um eine Zündung auszulösen, die »kritische Masse«. Da aber die Bombe nicht von allein explodieren sollte, sondern erst im Augenblick des Abwurfs, mußte man das Material so anordnen, daß es zunächst nicht die kritische Masse überschritt. Man teilte es deshalb in mehrere Kugelsegmente, die im richtigen Augenblick durch konventionelle Sprengladungen so zusammengepreßt wurden, daß sie eine Kugel ergaben, die nun die kritische Masse überschritt und von selbst zündete.

Da auch unterhalb der kritischen Masse ständig Spaltungen geschehen, benötigte man eine Substanz, die Neutronen absorbieren konnte, um den Neutronenüberschuß abzufangen. Nur so war man in der Lage, mit dem spaltbaren Material einigermaßen sicher zu hantieren. Ein Element mit den gewünschten Eigenschaften ist das Cadmium, das man nun als Neutronenfänger einsetzte.

Dem Manhattan-Projekt war trauriger Erfolg beschieden: Am 16. Juli 1945 explodierte die erste Testatombombe in der

Wüste von New Mexico, am 6. August 1945 wurde die japanische Stadt Hiroshima, zwei Tage später Nagasaki von amerikanischen Atombomben zerstört. Über die sowjetische Entwicklung auf diesem Gebiet ist längst nicht soviel bekannt. Anscheinend begannen dort die Anstrengungen erst nach dem Zweiten Weltkrieg. Im Dezember 1947 wurde der erste Reaktor kritisch, im August 1949 zündeten die Sowjets ihre erste Atombombe.

Die friedliche Nutzung der Kernenergie wurde seit Ende der fünfziger Jahre ernsthaft vorangetrieben. In allen Industrieländern der Welt, zum Teil auch in Entwicklungsländern, entstanden Reaktoren zunehmender Größe. Während in der westlichen Welt auf Sicherheitsfaktoren besonderer Wert gelegt wurde, stand offenbar im Osten der leichte Zugriff auf das Brennmaterial innerhalb des Reaktors im Vordergrund.

Trotz einer ganzen Reihe von Unfällen in Ost und West und trotz der zunehmenden Proteste besorgter Bürger wurde der Anteil der Kernenergie an der Stromerzeugung ständig erhöht. Erst die Katastrophe von Tschernobyl am 26. April 1986, bei der ein Reaktorblock »durchging« und explodierte, rüttelte die Weltöffentlichkeit auf. Mehr als zehntausend Quadratkilometer, vor allem im Norden und Nordwesten der Unglücksstelle, wurden massiv verstrahlt.

Während die Kernspaltung bereits kurze Zeit nach ihrer Entdeckung zu technischen Anwendungen führte, dauerte dies beim umgekehrten Prozeß, der Kernverschmelzung, länger. Aber auch hier war wieder eine Bombe – mit noch größerer Zerstörungskraft – der Anstoß zu ihrer Nutzung. Daß die Entdeckung der sogenannten Kernfusion sofort für militärische Zwecke verwendet wurde, war in der Hauptsache Edward Tellers Idee, der als der »Vater der Wasserstoffbombe« gilt. Allerdings haben schon seit dem Zweiten Weltkrieg Wissenschaftler versucht, die Kernfusion auch für die friedliche Energiegewinnung auf der Erde zu nutzen, denn in der Sonne

Schema:

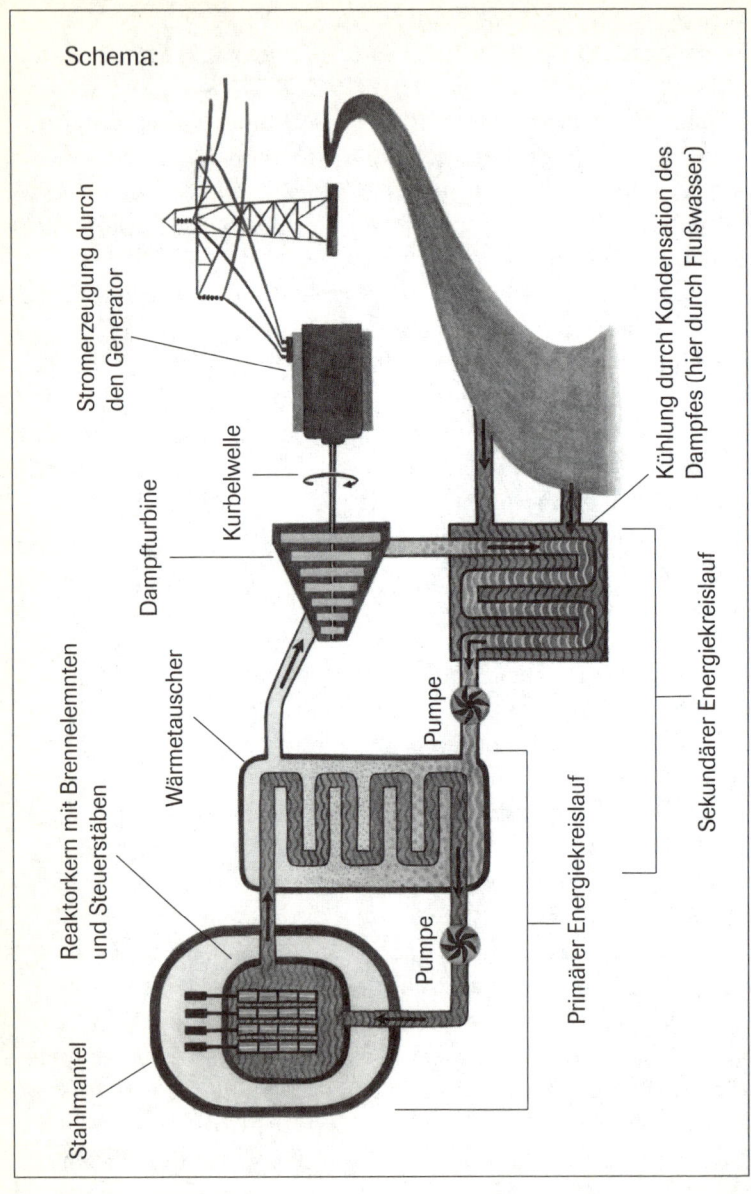

Stromerzeugung durch den Generator

Kühlung durch Kondensation des Dampfes (hier durch Flußwasser)

Kurbelwelle

Dampfturbine

Sekundärer Energiekreislauf

Reaktorkern mit Brennelemnten und Steuerstäben

Wärmetauscher

Pumpe

Pumpe

Primärer Energiekreislauf

Stahlmantel

Wie funktioniert ein Kernkraftwerk?

Bei der technischen Anwendung der Kernspaltung zur Energieerzeugung macht man sich das Entstehen einer Kettenreaktion im Uran zunutze. Im Herz des Reaktors findet diese Kettenreaktion statt. Steuerstäbe aus Cadmium-Legierungen sorgen dafür, daß Neutronen eingefangen werden, falls die Leistung zu hoch wird, sie können zu diesem Zweck in den Reaktor ein- oder ausgefahren werden. Zwischen den Brennelementen befindet sich Wasser, das die Neutronen abbremst, denn nur langsame Neutronen können Uran spalten. Durch die Kernspaltung wird Energie in Form von Wärme erzeugt. Sie erhitzt das Wasser, das schließlich verdampft und Turbinen antreibt. Diese sind mit Generatoren verbunden, die Strom erzeugen.

Es gibt eine ganze Reihe von unterschiedlichen Bauweisen für Kernreaktoren, je nachdem, ob sie mit Uran oder Plutonium arbeiten. Das Grundprinzip ist aber stets das hier geschilderte.

Sind die meisten spaltbaren Atomkerne verbraucht, müssen die Brennelemente des Reaktors ausgetauscht werden. Die abgebrannten Brennelemente werden dann zunächst für einige Jahre in einem Abklingbecken unter Wasser aufbewahrt, bis ihre Radioaktivität sich etwas reduziert hat, danach können sie in ein Endlager gebracht oder chemisch wiederaufbereitet werden.

funktioniert sie perfekt. Aber die dort herrschenden Bedingungen nachzuahmen, ist extrem kompliziert. Es würde sich jedoch lohnen: Die Weltmeere stellen einen nahezu unerschöpflichen Wasserstoffvorrat dar, das Ressourcenproblem wäre damit ein für allemal gelöst. Auch die Gefahren, die von einem Fusionsreaktor ausgehen, sind in mancher Beziehung geringer als bei der Kernspaltung. So kann er beispielsweise nicht »durchgehen« – also außer Kontrolle geraten – wie der Reaktor in Tschernobyl. Fehlt die Brennstoffzufuhr, erlischt er sofort, eine sich selbst erhaltende Kettenreaktion wie bei der Spaltung ist unmöglich, selbst bei einem GAU kann er nicht explodieren.

Im Prinzip geht es darum, je zwei Wasserstoff-Atomkerne miteinander zu einem Heliumatomkern zu verschmelzen. Dabei bleibt ein Neutron übrig, das mit hoher Geschwindigkeit davonrast und beim Abbremsen Wärme erzeugt. Die beiden Wasserstoffkerne verschmelzen aber nur dann, wenn sie mit hoher Wucht aufeinanderprallen. Damit sie dies tun, muß das Gas auf etwa hundert Millionen Grad aufgeheizt werden. Bei diesen Temperaturen streifen die Atome ihre Elektronenhülle ab, es entsteht ein sogenanntes Plasma aus positiv geladenen Atomkernen und negativen freien Elektronen. Die Schwierigkeit besteht nun weniger darin, die hohen Temperaturen zu erzeugen, als darin, ein so heißes Plasma einzuschließen. Ein Gefäß aus den üblichen Materialien hält einer derartigen Hitze nicht stand. Man macht sich deshalb die Fähigkeit des Plasmas zunutze, elektrischen Strom zu leiten. Daher kann man es durch magnetische Felder beeinflussen – bei geschickter Anordnung der Felder also auch einschließen. Eine solche Anordnung heißt »magnetischer Käfig«.

Im Verlauf der letzten Jahrzehnte hat man verschiedene Möglichkeiten erprobt, derartige Käfige herzustellen. In der Praxis erwies sich bisher das sogenannte Tokamak-Verfahren als besonders günstig: Biegt man ein Rohr zum Ring und umgibt es mit Magnetfeldspulen, können die Teilchen des Plasmas ringförmig eingeschlossen werden. Ein starker Strom fließt zusätzlich durch den Plasmaring, hält ihn weiter zusammen und heizt ihn auf.

In einem solchen Plasmaschlauch, der damit sozusagen berührungsfrei im Herzen des Fusionskraftwerks, der sogenannten Brennkammer, schweben soll, verschmelzen die Atomkerne und setzen Neutronen frei. Diese, elektrisch neutral, fliegen durch die Magnetfelder hindurch nach außen und erhitzen die Wände, die ständig gekühlt werden. Die so gewonnene Hitze treibt schließlich Turbinen und Generatoren an, und am Ende entsteht, wie auch in heutigen Kraftwerken, elektrischer Strom.

Der Hauptnachteil eines Fusionsreaktors ist: Auch die Kernfusion erzeugt radioaktive Abfälle. Zwar nur etwa halb soviel wie vergleichbare Kernkraftwerke, aber auch das ist noch zuviel. Man hofft, die Abfälle in großen Salzkavernen tief unter der Erde vergraben zu können, aber ganz sicher kann man auch dann nicht sein, daß die Umwelt auf alle Zeit von der gefährlichen Strahlung verschont bleiben wird.

Um die Jahrtausendwende wollen die Fusionsforscher ein Gemeinschaftsprojekt der vier großen Fusionsprogramme der Welt – Europas, Japans, der Russischen Föderation und der USA – beginnen. Sein Name ist »Iter«, *I*nternationaler *T*hermonuklearer *E*xperimental*r*eaktor. Er soll zum ersten Mal das demonstrieren, was die Plasmaphysiker schon seit vierzig Jahren versprechen, nämlich den wissenschaftlichen und technischen Nachweis, daß ein Plasma, bestehend aus Deuterium und Tritium, über einen längeren Zeitraum »brennen« und dabei durch Kernverschmelzung Energie erzeugen kann. Man denkt dabei an Größenordnungen von tausend Megawatt, also eine Leistung, wie sie etwa auch von den heute üblichen Spaltungsreaktoren geliefert wird. Dabei muß dieser Testreaktor aber noch nicht wirtschaftlich arbeiten, darf also mehr Energie verbrauchen, als er erzeugt.

Durch magnetische Felder vom Tokamak-Typ soll das Plasma des Iter zusammen- und von den Wänden des Gefäßes ferngehalten werden, dieses Prinzip hat sich in den letzten zwanzig Jahren gut bewährt und wurde in vielen Experimenten immer weiter verfeinert und erforscht. Auch die derzeit größte und erfolgreichste europäische Anlage, der Joint European Torus (JET) im englischen Culham, arbeitet nach dieser Methode.

Der Tokamak hat jedoch einen entscheidenden Nachteil, der in seiner Bauart begründet liegt: Er eignet sich nicht für den kontinuierlichen Betrieb. Der Strom, der im Inneren des Plasmaschlauches fließt, wird nämlich mittels eines Transformators erzeugt, und dies ist nur im Pulsbetrieb möglich. Ein Fusionsreaktor ist aber erst dann sinnvoll, wenn er fortwährend Energie liefert, also stationär betrieben wird. Wie dies mit einem Tokamak geschehen soll, ist bisher nicht klar. Etwas beschönigend sprechen manche Wissenschaftler von »quasistationärem« Betrieb, was nichts anderes bedeutet, als daß die Stromimpulse auf mehrere Sekunden, maximal Minuten, gedehnt werden.

Ein weiteres Problem, das allerdings nicht nur Iter betrifft, ist die Kontrolle der Verunreinigungen im Plasma. Wenn Teilchen auf die Wand des Gefäßes auftreffen, können sie dort schwere Atome herausschlagen, die nach und nach das Plasma verunreinigen und den magnetischen Einschluß zerstören. Um sie zu entfernen, werden sogenannte Divertoren benutzt, die entlang kompliziert geformter Magnetfeldlinien das Plasma an bestimmten Stellen aus dem Torus herausleiten.

Wie wichtig Forschungsarbeiten an derartigen technischen Einzelheiten sind, wird sich spätestens dann erweisen, wenn ein Testreaktor in Betrieb geht, der nennenswerte Mengen Deuterium und Tritium verschmilzt. Als Reaktionsprodukt, sozusagen als Asche, entsteht dabei das Edelgas Helium. Es hat – ebenso wie die Verunreinigungen aus der Wand – die ungünstige Eigenschaft, daß es das Plasma »vergiftet«, das heißt, es verschlechtert dessen Einschlußeigenschaften. Wenn es nicht gelingt, die Heliumasche rasch aus dem Reaktor zu entfernen, muß das Magnetfeld für den Plasmaainschluß wesentlich verstärkt werden. Damit wären sowohl wirtschaftliche als auch technische Probleme unvermeidbar.

Die Schwierigkeiten, die beim Betrieb eines Tokamak-Reaktors abzusehen sind, haben die Vertreter des konkurrierenden Einschlußprinzips, des Stellarators, auf den Plan gerufen. Auch hier wird das Plasma ringförmig eingeschlossen, aber in seinem Inneren fließt kein Strom. Geheizt wird das Plasma in erster Linie durch die Beeinflussung mit starken elektromagnetischen Wellen passender Frequenz. Eine solche Anordnung könnte vom Prinzip her im Dauerbetrieb arbeiten und zeigt – zumindest nach heutigen Erkenntnissen – ein gutmütigeres Verhalten in bezug auf Instabilitäten und den Transport von Verunreinigungen.

Allerdings besitzt der Tokamak einen historischen Vorsprung, da er in den vergangenen zwanzig Jahren weit intensiver erprobt wurde als der Stellarator. Im wesentlichen sollen zwei Anlagen diese Linie weiterführen: einerseits der supraleitende Stellarator Wendelstein 7-X, für den die Vorarbeiten im Max-Planck-Institut für Plasmaphysik in Garching laufen, und andererseits das japanische Gemeinschaftsprojekt mehrerer Universitäten, das unter dem Namen Large Helical Device in Tokio gebaut werden soll.

Das Geld für Forschung ist jedoch weltweit knapp geworden, deshalb ist es nicht verwunderlich, daß auch das Iter-Projekt der Fusionsforscher in die Diskussion geraten ist. Seit 1988 arbeiten bereits rund 240 Wissenschaftler rund um den Globus am Entwurf dieses Testreaktors. Nun wird diskutiert, ob angesichts der hohen Kosten das Projekt verbilligt und zeitlich gestreckt werden kann. In der Tat wird auch von den Iter-Teilnehmern zugestanden, daß Fragen der Materialforschung, der Sicherheit, der Reparatur und der Entsorgung heute noch viel zu wenig erforscht sind. Während die Gegner dafür eintreten, diese Fragen noch vor dem Baubeginn von

Iter zu klären, glauben die Befürworter, man könne vieles parallel zu den Planungsarbeiten erledigen, und das meiste sei sowieso erst dann fällig, wenn der physikalische Nachweis für die Realisierung eines Fusionsreaktors erbracht sei. Es wird also noch einige Zeit dauern, bis hier konkrete Ergebnisse zu erwarten sind.

Niemand kann am Beginn einer neuen Ära einschätzen, wie die Entwicklung weitergehen wird. So war es auch, als das nukleare Zeitalter heraufzog, ausgelöst durch Entdeckungen wie die der Radioaktivität und der Kernspaltung. Zwar hatten einige geniale Geister wie Einstein, Rutherford oder Heisenberg sich schon frühzeitig Gedanken gemacht über mögliche Folgen einer Energiegewinnung aus dem Atomkern, aber keiner hatte auch nur annähernd geahnt, wie gründlich die Radioaktivität die Welt verändern würde.

Da gab es auf der einen Seite die Atombombe, die in Hiroshima und Nagasaki Hunderttausende von Menschenleben auslöschte und später eine ganze Epoche in Angst und Schrecken versetzte. Den nuklearen Vernichtungswaffen stand auf der anderen Seite die Option gegenüber, durch die friedliche Nutzung der Kernenergie Wohlstand für viele zu schaffen, ja durch den Schnellen Brüter und die Realisierung der Kernfusion sogar Energie im Überfluß zu erzeugen.

Beides hat sich bisher als Schimäre erwiesen. Während die konventionellen Kernkraftwerke ununterbrochen strahlenden Müll erzeugen, der nicht nachhaltig entsorgt werden kann, wurde die Erprobung des Schnellen Brüters, eines Kernreaktortyps, der durch seine Auslegung mehr Brennstoff erzeugt als er verbraucht, weltweit zurückgefahren, ja eingestellt. Nur wenige Länder, die noch an der Erbrütung von waffenfähigem Plutonium interessiert sind, halten weiterhin Brüterprogramme aufrecht.

Mitte der neunziger Jahre trat Carlo Rubbia, Physiker, Nobelpreisträger und ehemaliger Chef des europäischen Teilchenforschungszentrums CERN, an die Öffentlichkeit, um eine neue Idee zu präsentieren. Er stellte einen Kernreaktor vor, der nicht »durchgehen« kann und der möglicherweise sogar dazu geeignet sein könnte, nukleare Abfälle durch Neutronenbestrahlung unschädlich zu machen. Außerdem werde in diesem Reaktor zu wenig Plutonium erzeugt, als daß man daraus Kernwaffen herstellen könnte.

Das Gerät besteht im Prinzip aus einem Kernreaktor, kombiniert mit einer Neutronenquelle. Der Reaktor wird nicht mit Uran betrieben, wie das heute üblich ist, sondern mit Thorium, einem radioaktiven Material, das etwa fünf Mal so häufig in der Erdkruste vorkommt wie Uran. Es hat eine Halbwertszeit von 13,9 Milliarden Jahren und sendet bei seinem Zerfall Alphateilchen, also Heliumkerne, aus. Damit ist es relativ leicht zu verarbeiten und gut abzuschirmen.

Die »Spallations-Neutronenquelle«, die mit diesem Reaktor kombiniert wird, funktioniert nach folgendem Prinzip: Hochenergetische Protonen aus einem Teilchenbeschleuniger treffen auf ein sogenanntes Target, ein Plättchen aus Thorium. Die Zusammenstöße zwischen den Protonen und den Thorium-Atomen produzieren einen Strom von Neutronen, die in den Reaktor entlassen werden.

Dort stoßen sie mit den Thorium-Atomen des Brennstoffs zusammen – es entsteht Uran 233. Dieses zerfällt schnell und setzt dabei Energie und weitere Neutronen frei, die zwar erneute Spaltungen verursachen, deren Anzahl aber nicht ausreicht, um eine Kettenreaktion zu unterhalten. Werden keine weiteren Neutronen von außen zugeführt, bricht die Energieproduktion sofort ab. Mit anderen Worten: Der Reaktor steht still, sobald man den Beschleuniger ausschaltet.

Neben dieser »inhärenten Sicherheit« bietet, so Rubbia, der »Energieverstärker«, wie er ihn nennt, den Vorteil, daß bei seinem Betrieb nur geringste Mengen von Plutonium entstehen. Im Gegensatz zu den konventionellen Reaktoren, in denen

Uran 238 nur ein Neutron schlucken muß, um unter Abgabe von zwei Elektronen zu Plutonium 239 zu werden, benötigt das Thorium-Atom ganze sieben Neutronen, bevor es sich in Plutonium umwandelt, ein relativ seltener Vorgang. Während also ein üblicher Tausend-Megawatt-Reaktor etwa zweihundert Kilogramm Plutonium pro Jahr produziert, entsteht in Rubbias »Energieverstärker« tausend- bis zehntausend Mal weniger von diesem gefährlichen Material. Außerdem betont Rubbia immer wieder, daß in seinem Reaktor kaum schwere radioaktive Elemente entstünden, die eine lange Lebensdauer besäßen. Deshalb zerfielen die Abfälle daraus schneller als jene aus konventionellen Kernkraftwerken.

Die Idee des Wissenschaftsmanagers, der 1984 für seine Entdeckung des W-Teilchens mit dem Nobelpreis ausgezeichnet wurde, stieß in der Wissenschaftlergemeinde auf erhebliche Skepsis. Insbesondere eine Gruppe von Forschern am amerikanischen Los Alamos National Laboratory, die sich bereits seit sechs Jahren mit dem Studium eines ähnlichen Projekts befaßt hatten, brachte eine ganze Reihe von Einwänden vor. Zu den wichtigsten gehört die Frage, inwieweit der Reaktor eben doch langlebige Elemente produziert, etwa Technetium 99 oder Jod 129.

Carlo Rubbia, ein Mann, der – auch wenn er nicht unumstritten ist – großes Ansehen in der wissenschaftlichen Welt genießt, betont, daß sein »Energieverstärker« ausschließlich auf bekannten Technologien beruhe und deshalb mit einem vertretbaren Kostenaufwand zu realisieren sei.

Unter Einbeziehung dieser Berechnungen haben Experten des Laboratoire d'Économie de l'Énergie in Grenoble einen Strompreis für das Projekt errechnet, der nur wenig über dem der heutigen französischen Kernkraftwerke liegt. Er ist damit immer noch günstiger als Strom aus deutschen Kernkraftwerken, aus Kohle oder aus französischem Erdgas. Wie kann ein Reaktor, der mit einem Beschleuniger kombiniert ist, billiger produzieren als einer ohne? Derartigen Einwänden begegnen die Grenobler Fachleute mit dem Argument, daß der Brennstoff Thorium billiger sei, da er keine Isotopenanreicherung benötige, und daß der Betrieb des Reaktors billiger ist, da man die Brennstäbe länger an ihrem Ort belassen könne.

Bleibt noch die besonders heftig umstrittene Frage, welche radioaktiven Abfälle ein derartiger Reaktor erzeugt. Während einerseits Experten im amerikanischen Brookhaven National Lab und ihre Kollegen in den bereits erwähnten Gruppen davon sprechen, daß in einer solchen Anlage sogar Atommüll »verbrannt« werden kann (indem man ihn durch Neutronenbeschuß letztlich in stabile Elemente umwandelt), warnen andere Forscher davor, daß – wie in konventionellen Reaktoren – auch beim »Energieverstärker« langlebige radioaktive Elemente entstehen. Rubbia glaubt, daß die Lösung dieses Problems eine Frage der Kosten ist. Je besser die Abtrennung der Spaltprodukte und der aktivierten Elemente aus den Strukturmaterialien gelingt, desto geringer bleiben die strahlenden Überreste. Denn die gefährlichen Strahler lassen sich in der Tat durch Neutronenbestrahlung unschädlich machen. Dies führt jedoch andererseits zu einer Einbuße bei der Energiegewinnung, da diese Neutronen natürlich für die Energieerzeugung nicht mehr zur Verfügung stehen. So könnte es passieren, daß der Reaktor mehr Energie verbraucht, um seine Abfälle unschädlich zu machen, als er letztlich erzeugt. Rubbia hingegen glaubt, daß man die »Verbrennung« der radioaktiven Stoffe auf die langlebigen und biologisch aktiven Elemente wie Cäsium 135 oder Jod 129 beschränken sollte. Damit könnte man zumindest das Problem der Endlagerung großer Mengen radioaktiver Abfälle umgehen. Doch bis die Experten sich eine endgültige Meinung über Rubbias Konzept gebildet haben, oder bis Politiker gar entsprechende Gelder zum Bau einer solchen Anlage bereitstellen, werden mit Sicherheit noch etliche Jahre vergehen.

Auch wenn der Streit um neue nukleare Konzepte also noch keineswegs entschieden ist und die Frage immer noch heiß diskutiert wird, ob die friedliche Nutzung der Kernenergie schädlich oder nützlich ist, bleibt dennoch unbestreitbar, daß die Radioaktivität auch positive Seiten hat. So ist sie beispielsweise aus der modernen Krebsbehandlung nicht mehr wegzudenken.

Bei diesem Zweig der Medizin macht man sich die Tatsache zunutze, daß radioaktive Strahlung auf biologisches Gewebe schädigend wirkt. Im allgemeinen geschieht dies dadurch, daß die Partikel der Strahlung in die Zellen und dort in die Zellkerne eindringen und unter Umständen die äußerst empfindlichen Moleküle der DNS durchschlagen oder auf andere Weise beschädigen. Man spricht dann von Mutationen. Zwar besitzt die gesunde Zelle einen Reparaturmechanismus, mit dem sie den genetischen Code wiederherstellen kann, aber dieser Mechanismus ist überfordert, wenn zu häufig Schäden auftreten. Da das genetische Programm vor allem die Teilung der Zelle steuert, wirken sich die Schäden entweder direkt auf den Teilungsvorgang oder anschließend auf die Reproduktion der Zelle aus. Meist sind die geschädigten Zellen degeneriert oder von Haus aus nicht lebensfähig. Hinzu kommt, daß die Strahlung auch die lebensnotwendigen Stoffwechselvorgänge im Inneren der Zelle massiv stören kann. Vor allem Zellen, die sich häufig teilen müssen, wie etwa Blutzellen oder die, welche die Innenwände des Darms auskleiden, leiden deshalb unter Strahleneinwirkung besonders stark.

Bei der Strahlentherapie von Tumoren setzt man die zerstörerische Wirkung der radioaktiven Strahlen auf das Gewebe bewußt ein, indem man diese auf das Krebsgewebe richtet und dabei versucht, das umliegende gesunde Gewebe so wenig wie möglich zu bestrahlen. Da sich Krebszellen sehr häufig teilen, sind sie besonders empfindlich gegen Strahlenwirkung. So kann man durch eine oder mehrere Bestrahlungen erreichen, daß sich die Größe eines Tumors zurückbildet, manchmal sogar, daß der Tumor schließlich ganz verschwindet.

Aber auch außerhalb der Strahlenmedizin gibt es eine Vielzahl von Anwendungen der Radioaktivität zum Wohle des Menschen. Im Vordergrund steht dabei die Forschung, bei der heute der Umgang mit strahlenden Substanzen fast schon zum Alltag gehört.

Beispielsweise können Forscher mit Hilfe strahlender Isotope untersuchen, wie schnell Pflanzen radioaktive Stoffe aufnehmen und wieviel sie davon speichern. Es geht hauptsächlich um die Elemente Plutonium aus dem Boden und um Tritium aus Luft und Wasser – beides Stoffe, die bei einem kerntechnischen Störfall ebenso wie bei den früheren Atomwaffentests in die Umgebung gelangen und für den Menschen schädlich sind. Man möchte deshalb so genau wie möglich wissen, wieviel der radioaktiven Stoffe die Pflanzen aufnehmen und so in die Nahrung des Menschen transportieren.

Man macht sich dabei die Eigenschaft der Radioaktivität zunutze, daß sie sich mit Meßgeräten auch in geringsten Spuren noch leicht nachweisen läßt. So ist es relativ einfach, die Verteilung der strahlenden Atome in einer Pflanze zu registrieren. Dieses »Radiometrie« genannte Verfahren läßt sich auch anwenden, wenn man die Verarbeitung von Stoffen untersuchen will, die normalerweise nicht radioaktiv sind. Fast jedes chemische Element hat einen radioaktiven Bruder, ein sogenanntes Isotop. Die verschiedenen Isotope unterscheiden sich durch die Anzahl der Neutronen im Atomkern – ihre chemischen Eigenschaften sind jedoch gleich. So gehen radioaktive Isotope die gleichen chemischen Verbindungen ein wie ihre nicht strahlenden Brüder, und zwar in der gleichen Verteilung und mit der gleichen Geschwindigkeit.

Wenn man zum Beispiel untersuchen will, wie stark bestimmte Pflanzen Schwermetalle aus dem Boden aufnehmen, kann man anstelle von nicht strahlendem Chrom ein radioaktives Isotop des Chroms in die Erde mischen. Dann ist es nicht mehr nötig, mühsame chemische Analysen anzustellen, um die Menge des aufgenommenen Chroms zu bestimmen, sondern es genügt, die Menge der abgegebenen Strahlung entlang der Pflanze mit einem Meßgerät zu registrieren.

Entsprechendes wird übrigens auch bei Tieren gemacht. Als nach dem Reaktorunfall in Tschernobyl 1986 ganz Europa mit radioaktivem Jod und Cäsium verseucht war, konnte man auf Ergebnisse von Versuchen zurückgreifen, die man schon vorher an Schweinen und Kühen gemacht hatte. Monatelang hatte man diese Tiere mit Nahrung gefüttert, der ein winziger Prozentsatz von radioaktiven Stoffen beigemischt war. Anschließend konnte man durch Vermessung des lebendigen Tieres und durch Überwachung seiner Ausscheidungen genau den Weg feststellen, den zum Beispiel das radioaktive Cäsium nahm. Man wußte, in welchen Teilen des Körpers es sich ansammelt und wie schnell es wieder ausgeschieden wird. Diese Erkenntnisse waren wichtig, weil sie eine Vorhersage erlaubten über die Auswirkungen von Tschernobyl und weil sie teilweise sogar übertragbar waren auf den Menschen.

Gerade hier gibt es viele interessante Fragestellungen, die man mit radioaktiv markierten Atomen beantworten könnte, aber selbstverständlich darf man Menschen nicht durch radioaktive Strahlung schädigen. Man kann deshalb nur Stoffe benutzen, die ihre Radioaktivität sehr schnell wieder verlieren, also eine kurze Halbwertszeit besitzen. Man nennt diese Stoffe »Tracer«, was soviel heißt wie Spurensucher, Pfadfinder. Sie nehmen teil an den biochemischen Reaktionen im menschlichen Körper, und zwar in der gleichen Weise, wie normale Atome dies tun würden. Indem man ihren strahlenden Weg verfolgt, kann man ein Bild erzeugen, das zeigt, was mit der untersuchten Substanz im Körper geschieht.

Eines der bekanntesten Beispiele für einen solchen radioaktiven Tracer ist das Jodisotop 131, das Gammastrahlen aussendet. Jod wird von der Schilddrüse aufgenommen. Wenn eine Über- oder Unterfunktion vorliegt, speichert sie aber mehr oder weniger Jod als normal. Man kann also aus der Menge des aufgenommenen Jods eine Aussage über die Funktion der Schilddrüse machen.

Seit Jahren wurde dieses Verfahren in vielfacher Weise verfeinert: Radioaktive Tracer können inzwischen sogar schon mit speziellen Antikörpern verbunden werden, die bestimmte Organe oder bösartige Tumoren im Körper aufsuchen und sich dort festsetzen. Somit läßt sich die Radiometrie als wichtiges medizinisches Diagnoseinstrument einsetzen.

Auch in der Hirnforschung spielt sie eine wichtige Rolle, denn sie erlaubt es, dem Menschen sozusagen beim Denken zuzusehen. Man benutzt dabei Stoffe, die bei ihrem radioaktiven Zerfall Positronen aussenden, also Antielektronen. Sobald ein solches Teilchen mit einem Elektron zusammenstößt, zerstrahlen die beiden in einem Energieblitz im Gammastrahlenbereich, der eine ganz charakteristische Wellenlänge besitzt. Da Elektronen im menschlichen Gewebe überall in großer Menge vorhanden sind, wird das Positron meist in unmittelbarer Nähe seines Entstehungsorts wieder vernichtet. Die Energieblitze können von außen mit Meßgeräten geortet werden und erzeugen so ein Bild der Verteilung des radioaktiv markierten Stoffes. Hinzu kommt noch ein weiterer Vorteil: Wegen der Energie- und Impulserhaltung werden bei der Vernichtungsreaktion zwischen Elektron und Positron zwei Gammablitze ausgesandt, einer nach vorn und einer nach hinten. Wenn man nun beide Blitze in Detektoren auffängt und feststellt, in welchem Zeitabstand voneinander sie ankommen, weiß man wie beim Echolot, in welcher Tiefe sie entstanden sind. Auf diese Weise lassen sich auch räumliche Verteilungen durch Messungen von außen ermitteln. Man nennt diese Methode PET, was soviel heißt wie Positron-Emissions-Tomographie.

Hängt man die Substanz, die Positronen aussendet, beispielsweise an Zuckermoleküle, kann man beobachten, wo das Gehirn besonders starke Aktivitäten entfaltet, denn jeder Stoffwechselvorgang, also auch das Denken, ist mit dem Verbrauch von Zuckermolekülen verbunden.

Positronen-Vernichtung hat sich weiterhin als wertvolles Werkzeug bei der Untersuchung industrieller Materialien herausgestellt. In Metallen kann sie Hinweise geben auf die fortschreitende Ermüdung des Materials: Störungen im atomaren Gitter des Metalls stellen sozusagen »Ruheplätze« für die Positronen dar, wo sie ein klein wenig länger überleben können, bevor sie mit einem Elektron zerstrahlen. Indem man diese kurze Verzögerung registriert, kann man Ermüdungserscheinungen im Metall bereits feststellen, bevor überhaupt sichtbare Sprünge auftreten. Solche Untersuchungen sind besonders wichtig an teuren Komponenten wie Turbinenschaufeln oder Bauteilen in Kernkraftwerken.

Auch auf anderen Gebieten arbeitet die Industrie mit radioaktiven Spurensuchern. Im Bereich der Werkstofforschung messen Ingenieure die Abnutzung von beweglichen Maschinenteilen: Man bestrahlt etwa einen Kolbenring im Reaktor mit Neutronen, bis sich radioaktive Isotope gebildet haben. Wird der Ring dann in die Maschine eingesetzt, gelangt sein Abrieb in das Schmiermittel. Dort kann man dann durch Messen der Radioaktivität den Grad der Abnutzung feststellen.

Ein weiteres wichtiges Gebiet für den Einsatz radioaktiver Substanzen ist die Lecksuche, etwa in Wasserleitungen. Man gibt Natrium 24 in das Leitungsstück, das überprüft werden soll. Entlang der Strecke werden Probebohrungen durchgeführt. Sonden für Gammastrahlung finden so auch die kleinste Leckstelle. Das Natrium wird anschließend wieder herausgespült.

Selbst die Archäologen machen sich die Radioaktivität zunutze, wenn sie das Alter von Fundstücken feststellen wollen. In jedem lebenden Gewebe gibt es Kohlenstoff. Eines seiner Isotope ist Kohlenstoff 14.

Man weiß, daß ein totes Lebewesen diese Substanz nicht mehr aufnimmt. Da C 14 langsam zerfällt, können die Forscher nun durch Messen des übriggebliebenen Rests ziemlich genau feststellen, wie alt das betreffende Objekt ist. So wurden etwa Holzproben aus altägyptischen Gräbern oder Kleidung aus Keltengräbern datiert.

In diesem Fall ist es also von Vorteil, daß bestimmte Arten radioaktiver Stoffe sehr langlebig sind und erst in Jahrmillionen zerfallen. Normalerweise ist dies jedoch eine ausgesprochen gefährliche Eigenschaft, sorgt sie doch dafür, daß ganze Landstriche, ja die gesamte Erde, wenn sie einmal verseucht sind, dies über Jahrhunderttausende auch bleiben.

So hinterließ der etwa fünfzig Jahre dauernde nukleare Rüstungswettlauf zwischen den USA und der UdSSR beispielsweise riesige Mengen hochradioaktiven Abfalls. Beide Staaten hatten keine ausreichende Lösung für dessen geregelte Entsorgung, dies führte dazu, daß man die tödlichen Abwässer in Flüsse und Seen leitete oder in tiefe Erdschichten preßte. Wie groß die Verseuchung war, die auf diese Weise billigend in Kauf genommen und durch Unfälle noch verstärkt wurde, wurde erst vor wenigen Jahren nach und nach bekannt, denn nach dem Ende des Kalten Krieges wurde die Geheimhaltung auf beiden Seiten gelockert. So war erst in den neunziger Jahren eine Bestandsaufnahme der Umweltzerstörung möglich.

Die drei Autoren Don J. Bradley vom Pacific Northwest National Laboratory, Richland/Washington, Clyde W. Frank vom US-Department of Energy und Jewgeni Mikerin vom Atomministerium der Russischen Föderation in Moskau veröffentlichten 1996 in der Zeitschrift ›Physics Today‹ eine Übersicht über die am stärksten kontaminierten Gebiete und gaben eine Abschätzung der heute dort noch vorhandenen Radioaktivität.

Aber nicht nur die Waffenproduktion erzeugt unerwünschte strahlende Abfälle, auch der ganz normale friedliche Betrieb eines jeden Kernreaktors hat zur Folge, daß derartige Stoffe entstehen. In allen Industrienationen der Welt bemüht man sich – bisher vergeblich –, mit den Problemen des Atommülls fertig zu werden.

Obwohl die Klassifikation in jedem Land etwas anders ist, unterscheiden die Atomkraftwerker grundsätzlich zwei Arten von Atommüll:

Erstens schwach aktiven, der, wenn er in Fässern luftdicht verpackt ist, ohne weitere Strahlenabschirmung transportiert und gehandhabt werden darf; ferner mittelaktiven, der Abschirmmaßnahmen erfordert. Man bezeichnet diese beiden Arten als »nicht wärmeentwickelnd«.

Zweitens hochaktiven, der starke Strahlung aussendet, deshalb intensiv abgeschirmt werden muß, und der gleichzeitig aufgrund seiner Radioaktivität ständig Hitze entwickelt. Er muß deshalb immer gekühlt werden.

Wenn es darum geht, Endlager für Atommüll zu suchen, ist es jedoch oft zweckmäßiger, von der Lebensdauer der Abfälle auszugehen. Radioaktive Stoffe zerfallen mit einer bestimmten Halbwertszeit, diese gibt den Zeitraum an, in dem die Strahlungsintensität auf die Hälfte des ursprünglichen Wertes abgesunken ist. Manche Elemente haben eine ganz kurze Halbwertszeit, etwa Jod 131 mit acht Tagen, andere, zum Beispiel Plutonium, strahlen über Jahrtausende hinweg. Man unterscheidet deshalb oft auch zwischen kurzlebigem und langlebigem radioaktivem Müll.

Die größte Menge, die schwachaktiven Abfälle, entstehen überall dort, wo radioaktives Material mit der Umgebung in Berührung kommt, sei es in den Bestrahlungsabteilungen von Krankenhäusern, beim Austausch von Maschinenteilen oder im Luftfilter von Kernkraftwerken. Oft enthalten diese Abfälle nur Spuren von Radioaktivität, und immer handelt es sich um Stoffe, die nach einigen hundert Jahren vollkommen zerfallen sind.

Wenn ein Kernkraftwerk abgerissen wird, fallen naturgemäß große Mengen radioaktiven Mülls an, denn der gesamte Bereich in und um das Herz des Reaktors wird während des Betriebs zwangsläufig radioaktiv verseucht. Alle diese Materialien müssen zerkleinert, verpackt und entsorgt werden. Auch hier besteht der überwiegende Teil aus nicht wärmeentwickelndem Müll, der jedoch durchaus mittelaktiv und relativ langlebig sein kann.

Die gefährlichsten radioaktiven Abfälle sind jedoch die abgebrannten Brennelemente aus Kernreaktoren. Bei der Energieerzeugung durch Kernspaltung entstehen viele radioaktive Elemente, die sich in den Brennelementen ansammeln. Nach einigen Jahren ist so viel vom Brennstoff verbraucht, daß die Brennelemente im Reaktor gegen neue ausgetauscht werden müssen. Die »abgebrannten« Elemente lagert man zunächst unter Wasser in eigens dafür gebauten Abklingbecken, die gekühlt werden. Nach einigen Jahrzehnten ist die Radioaktivität so stark abgeklungen, daß man die Brennelemente in ein sogenanntes Endlager bringen kann.

In Deutschland, Großbritannien und Frankreich wird jedoch ein anderer Weg verfolgt: Man bereitet die abgebrannten Brennstäbe wieder auf, mit anderen Worten, man löst sie auf, zerlegt sie chemisch in ihre Bestandteile und trennt die Stoffe, die man wiederverwerten kann, vom reinen Abfall. Nun sind aber all diese Stoffe radioaktiv, zum Teil sogar sehr stark. Dem Vorteil der besseren Rohstoffausnutzung steht deshalb der Nachteil einer chemischen Fabrik gegenüber, die mit hochradioaktiven Stoffen arbeiten muß, ohne daß die Umwelt gefährdet werden darf. Hinzu kommt, daß die radioaktiven Abfälle, die bei der Wiederaufarbeitung entstehen, flüssig sind und so hochradioaktiv, daß sie intensiv gekühlt und abgeschirmt werden müssen. Versuche, dieses gefährliche Gebräu in Glas zu verwandeln und in Form kleiner »Kokillen« endzulagern, stecken noch immer in den Kinderschuhen.

In Deutschland, genauer gesagt in den alten Bundesländern, waren Ende 1990 573 Kubikmeter hochaktiver Abfall registriert, und Schätzungen gehen davon aus, daß bis zum Ende des Jahres 2000 rund 3400 Kubikmeter dieses heißen Materials angefallen sein werden, weil Deutschland verpflichtet ist, die strahlenden Abfälle der Wiederaufbereitung ihrer Brennelemente in französischen und britischen Anlagen wieder zurückzunehmen. Zu diesen höchst gefährlichen Materialien kommen bis Ende 2000 noch 175 000 Kubikmeter schwach- und mittelaktiver Atommüll.

Und jährlich werden zusätzliche abgebrannte Brennelemente in den sowieso schon überfüllten Abklingbecken in den Kernkraftwerken gelagert. Ein Zwischenlager in Gorleben soll wenigstens hier Entlastung bringen, aber massive Widerstände in der Bevölkerung geben Anlaß zum Zweifel, ob dieses Konzept durchsetzbar sein wird. Ohne ein vernünftiges Endlagerkonzept wird jedoch die Kernenergie in keinem Land der Erde eine Zukunft haben.

Das heutige Periodensystem der Elemente

1 H Wasserstoff 1,00797								
3 Li Lithium 6,939	4 Be Beryllium 9,0122							
11 Na Natrium 22,9898	12 Mg Magnesium 24,312							
19 K Kalium 39,102	20 Ca Calcium 40,08	21 Sc Scandium 44,956	22 Ti Titan 47,90	23 V Vanadium 50,942	24 Cr Chrom 51,996	25 Mn Mangan 54,938	26 Fe Eisen 55,847	27 Co Kobalt 58,9332
37 Rb Rubidium 85,47	38 Sr Strontium 87,62	39 Y Yttrium 88,905	40 Zr Zirkon 91,22	41 Nb Niob 92,906	42 Mo Molybdän 95,94	43 Tc Technetium 99	44 Ru Ruthenium 101,07	45 Rh Rhodium 102,905
55 Cs Cäsium 132,905	56 Ba Barium 137,34	57 La Lanthan 138,91	72 Hf Hafnium 178,49	73 Ta Tantal 180,948	74 W Wolfram 183,85	75 Re Rhenium 186,20	76 Os Osmium 190,20	77 Ir Iridium 192,20
87 Fr Francium 223	88 Ra Radium 226,05	89 Ac Actinium 227	104 Sg Seaborgium 261	105 Db Dubnium 263	106 Rf Rutherfordium 264	107 Bh Bohrium 265	108 Hs Hassium 267	109 Mt Meitnerium 268

Lanthaniden (Seltene Erden):

58 Ce Cer 140,12	59 Pr Praseodym 140,907	60 Nd Neodym 144,24	61 Pm Promethium 147	62 Sm Samarium 150,35	63 Eu Europium 151,96	64 Gd Gadolinium 157,25

Actiniden:

90 Th Thorium 232,038	91 Pa Protaktinium 231	92 U Uran 238,03	93 Np Neptunium 237	94 Pu Plutonium 239	95 Am Americium 241	96 Cm Curium 242

Legende:

Ordnungszahl (= Zahl der Protonen)

Chemisches Zeichen

Element —

Mittleres Atomgewicht

3 Li
Lithium
6,939

						2 He
						Helium
						4,0026

5 B	6 C	7 N	8 O	9 F	10 Ne
Bor	Kohlenstoff	Stickstoff	Sauerstoff	Fluor	Neon
10,811	12,01115	14,0067	15,9994	18,9984	20,138

13 Al	14 Si	15 P	16 S	17 Cl	18 Ar
Aluminium	Silizium	Phosphor	Schwefel	Chlor	Argon
26,9815	28,086	30,9738	32,064	35,453	39,948

Ni	29 Cu	30 Zn	31 Ga	32 Ge	33 As	34 Se	35 Br	36 Kr
ckel	Kupfer	Zink	Gallium	Germanium	Arsen	Selen	Brom	Krypton
,71	63,54	65,37	69,72	72,59	74,9216	78,96	79,909	83,80

Pd	47 Ag	48 Cd	49 In	50 Sn	51 Sb	52 Te	53 J	54 Xe
lladium	Silber	Cadmium	Indium	Zinn	Antimon	Tellur	Jod	Xenon
6,40	107,87	112,40	114,82	118,69	121,75	127,60	126,9044	131,30

Pt	79 Au	80 Hg	81 Tl	82 Pb	83 Bi	84 Po	85 At	86 Rn
atin	Gold	Quecksilber	Thallium	Blei	Wismut	Polonium	Astatin	Radon
5,09	196,967	200,59	204,37	207,19	208,98	210	210	222

0	111	112
1	272	277

Für die letzten Elemente ist die Nomenklatur noch nicht verbindlich.

Tb	66 Dy	67 Ho	68 Er	69 Tm	70 Yb	71 Lu
rbium	Dysprosium	Holmium	Erbium	Thulium	Ytterbium	Lutetium
8,924	162,50	164,93	167,26	168,934	173,04	174,97

Bk	98 Cf	99 Es	100 Fm	101 Md	102 No	103 Lr
rkelium	Californium	Einsteinium	Fermium	Mendelevium	Nobelium	Lawrencium
9	252	253	254	256	254	257

Glossar

Atom
Wie schon Demokrit 420 vor Christus richtig vermutet hatte, besteht alle Materie aus Atomen. Heute weiß man, daß das Atom aus einem Kern und einer Hülle besteht. Der Kern ist ein Gemisch aus positiv geladenen Protonen und elektrisch ungeladenen Neutronen. Um den Kern kreisen ebenso viele negativ geladene Elektronen, wie im Kern Protonen enthalten sind. Obwohl im Kern die meiste Masse konzentriert ist, ist er sehr klein: Stellt man sich ein Atom von der Größe eines Hauses vor, hätte der Kern die Größe eines Sandkornes.

Beschleuniger
Um geladenen Teilchen eine hohe Energie mitzugeben, sie also möglichst schnell zu machen, läßt man sie durch einen Beschleuniger laufen. Dort treiben elektrische Felder oder Radiowellen die Partikel vorwärts. Beschleuniger können gerade oder ringförmig sein. Im zweiten Fall werden die Teilchen zusätzlich durch Magnetfelder auf die runde Bahn gezwungen.

CERN
Diese Abkürzung steht für »Centre Européen pour la Recherche Nucléaire«, also »Europäisches Kernforschungszentrum« (oder auch Teilchenforschungszentrum) und bezeichnet eines der größten Forschungslabors der Welt auf dem Gebiet der Elementarteilchenphysik. Es liegt nahe bei Genf an der Grenze zwischen Frankreich und der Schweiz.

Desy

Das »Deutsche Elektronen-Synchrotron« in Hamburg ist das deutsche Zentrum für Elementarteilchenphysik. Der Speicherring »Hera« wurde dort vor wenigen Jahren in Betrieb genommen.

Elektron

Es ist das Elementarteilchen, aus dem sich die Atomhülle eines jeden chemischen Elements zusammensetzt. Es trägt eine elektrische Einheitsladung, die in der Größe genau der des Protons entspricht, aber mit umgekehrtem Vorzeichen. Man spricht deshalb oft davon, daß das Elektron die Ladung -1 besitzt. Es ist sehr klein; bis heute weiß man nicht, ob es überhaupt eine räumliche Ausdehnung hat. Sein Antiteilchen ist das Positron.

Elementarteilchen

Zuerst in der Höhenstrahlung und später in den Beschleunigern fanden Forscher eine Unzahl verschiedener Teilchen. Man sprach deshalb scherzhaft vom Teilchenzoo. Allmählich bildete sich eine Theorie heraus, die fast alle Teilchen auf wenige Grundbausteine zurückführt; auf sechs Quarks und sechs Leptonen (elektronenartige Teilchen).

Halbwertszeit

Beim radioaktiven Zerfall verwandeln sich Atome durch Aussendung bestimmter Teilchen in andere Atome. So zerfällt beispielsweise Uran 238 in mehreren Schritten zu Blei 206. Der Zeitpunkt jedes einzelnen Zerfalls ist nicht vorhersagbar, er ist zufällig. Wenn man aber viele Atome gleichzeitig betrachtet, kann man angeben, nach welcher Zeitdauer die Hälfte der Atome zerfallen ist. Bei Uran 238 beträgt diese Zeit rund 4,5 Milliarden Jahre. Andere Elemente haben kürzere Halbwertszeiten: Tritium: 12,3 Jahre, Kohlenstoff 14: 5730 Jahre, Krypton: 10,76 Jahre, Jod 131: 8,02 Tage und Cäsium 137: 30,2 Jahre.

Isotop

Die Atomkerne aller Elemente (außer Wasserstoff) setzen sich aus Protonen und Neutronen zusammen. Die Anzahl der Protonen ist verantwortlich für die chemischen Eigenschaften des Elements. Man nennt sie auch Ordnungszahl. Die Summe der Protonen und Neutronen ergibt das Atomgewicht. Es wird häufig als Zahl geschrieben, die man dem Element nachstellt (zum Beispiel Uran 235). Für fast jedes Element gibt es Abarten, die sich nur in der Zahl der Neutronen unterscheiden. Man nennt diese verschieden schweren Atomsorten, die aber zum selben Element gehören, Isotope. Von Kohlenstoff sind beispielsweise acht Isotope bekannt, die 3, 4, 5, 6, 7, 8, 9 und 10 Neutronen im Kern haben.

Kernfusion

Sie ist das Gegenteil der Kernspaltung: Hier verschmelzen zwei leichte Kerne zu einem schwereren unter Freisetzung von Energie. Die meisten Sterne und unsere Sonne erzeugen ihre Energie auf diese Weise. Auf der Erde versucht man, die Kernfusion zur Energieerzeugung friedlich zu nutzen.

Kernkraft

Sie gehört zu den vier Grundkräften in der Natur und sorgt dafür, daß die Protonen und Neutronen im Atomkern zusammenhalten. Die Kernkraft ist die stärkste der bekannten Kräfte, ihre Reichweite ist aber ausgesprochen gering.

Kernspaltung

Man versteht darunter das Auseinanderbrechen eines schweren Atomkerns, beispielsweise eines Urankerns, das durch das Auftreffen eines Neutrons verursacht wird. Bei dem Vorgang entstehen zwei leichtere Kerne und zwei bis drei Neutronen, die mit hoher Geschwindigkeit wegfliegen. Werden sie abgebremst, verwandelt sich ihre Bewegungsenergie in Wärme, die man technisch nutzen kann.

Kettenreaktion

Wenn ein Neutron auf ein Uran-235-Atom trifft und dieses spaltet, werden gleichzeitig zwei bis drei weitere Neutronen frei. Wenn es gelingt, mindestens je eines davon als Auslöser für eine weitere Spaltung zu benutzen, kann man auf diese Weise eine Kettenreaktion erzeugen. Wenn mehr als ein Neutron weitere Spaltungen auslöst, entsteht eine Lawine, die Kettenreaktion wird unkontrollierbar.

Kosmische Strahlung

Auf die oberen Schichten der Atmosphäre prasseln unaufhörlich sehr energiereiche Teilchen aus dem Weltraum. Diese Primärstrahlung stößt mit Gasatomen der Lufthülle zusammen und erzeugt Schauer von sekundären Teilchen. Da dabei zum Teil sehr exotische und seltene Teilchen entstehen, war die kosmische Strahlung ein beliebtes Forschungsobjekt vor allem zu der Zeit, als es noch keine großen Beschleuniger gab.

Periodensystem

Dieses Schema ordnet die chemischen Elemente nach ihrer Ordnungszahl (Anzahl der Protonen im Atomkern) und ihren chemischen Eigenschaften. Es wurde unabhängig voneinander von Dimitrij Mendelejew und Lothar Meyer entwickelt.

Quant

Um die Jahrhundertwende stellte Max Planck die Theorie auf, daß Energie nicht kontinuierlich, sondern in Form winzig kleiner »Pakete«, sogenannter Quanten, auftritt. Einstein gelang es später, mit seiner Deutung des photoelektrischen Effekts diese Theorie zu untermauern.

Radioaktivität

Wenn Stoffe Teilchen oder Energiequanten aussenden, nennt man sie radioaktiv. Man unterscheidet zwischen Alphastrahlung (Heliumkerne), Betastrahlung (Elektronen) und Gammastrahlung (Energiequanten).

Schwache Kraft

Sie zählt zu den vier Grundkräften, von denen sie nach der Gravitation die zweitschwächste ist. Die Schwache Kraft ist verantwortlich für den Betazerfall, bei dem das Atom ein Elektron und ein Neutrino aussendet. Ihre Reichweite ist wie die der Kernkraft nur sehr gering.

Supernova

Besonders große Sterne stürzen am Ende ihres Lebens unter dem Druck der Gravitation in sich zusammen. Bei der Implosion der gewaltigen Massen im Inneren des Sterns wird die äußere Hülle mit solcher Kraft nach außen geschleudert, daß der ganze Stern als Supernova explodiert. Dabei schleudert er einen großen Teil seiner Masse ins Weltall hinaus.

Zyklotron

1931 erfand Ernest O. Lawrence einen Beschleuniger, der geladene Teilchen dadurch auf hohe Geschwindigkeiten bringt, daß er sie auf eine Kreisbahn zwingt und dort durch regelmäßige Spannungsstöße beschleunigt.

Weitere Literatur

Wer sich mit dem Thema Kernphysik näher befassen will, dem seien die folgenden Bücher empfohlen, die das Gebiet in populärer und ausgesprochen interessanter Weise darbieten und die ich zum Teil als Quelle benutzt habe:

Rudolf Kippenhahn: ›Atom, Forschung zwischen Faszination und Schrecken‹, Deutsche Verlagsanstalt, Stuttgart 1994.
Wie in seinen früheren Büchern über Astronomie ist es Kippenhahn auch hier wieder gelungen, die Menschen, die hinter den Ereignissen stehen, lebendig werden zu lassen und gleichzeitig die physikalischen Zusammenhänge sehr einleuchtend zu erklären.

Ein Kompendium der modernen Physik mit einer Fülle unerwarteter interdisziplinärer Hinweise und Verbindungen ist das Buch: Edgar Lüscher: ›Pipers Buch der modernen Physik‹, Piper, München 1978.

Eine hervorragende Übersicht, die jedoch mehr für den Fachmann geeignet ist, gibt das Buch:
Klaus Stierstadt: ›Physik der Materie‹, VCH, Weinheim 1989.

Das Leben von Ernest Rutherford, einem der überragenden Kernphysiker des 20. Jahrhunderts, wird in zwei Büchern plastisch:
Edward Neville da Costa Andrade: ›Rutherford und das Atom‹, Verlag Kurt Desch München, 1965,
erzählerisch sehr ansprechend; und
David Wilson: ›Rutherford, Simple Genius‹, Hodder and Stoughton, London 1983. Dieses Buch widmet sich in allen Einzelheiten den Experimenten und ist eine Fundgrube für Originalzitate.

Alle Details der weltberühmten Experimente der Kernphysik und eine relativ populäre Auswertung und Deutung der Ergebnisse findet man in dem zweibändigen Werk:
Erwin Bodenstedt: ›Experimente der Kernphysik und ihre Deutung‹, BI Wissenschaftsverlag, Mannheim 1972 und 1973.

Kurz und bündig, aber interessant in seiner Mischung aus persönlicher Erinnerung und physikalischen Fakten ist das Buch:
Karl-Erik Zimen: ›Strahlende Materie‹, Ullstein Verlag, Frankfurt 1990.

Wer die Geschichte der großen Entdeckungen rekapitulieren will und weiterlesen möchte über die Welt der Elementarteilchen, ist gut versorgt mit dem Buch:
Oskar Höfling und Pedro Waloschek: ›Die Welt der kleinsten Teilchen‹, Rowohlt, Reinbek bei Hamburg 1984.

Biographische Literatur zu den wichtigen Personen der Kernphysik findet man in:
Armin Hermann: ›Die Jahrhundertwissenschaft, Werner Heisenberg und die Geschichte der Atomphysik‹, Rowohlt, Reinbek bei Hamburg 1993.
und
Emilio Segrè: ›Die großen Physiker und ihre Entdeckungen‹, Band 2, Piper, München 1990.

Und last, but not least mein Lieblingsbuch, aus dem man auf unterhaltsame Weise viel lernen kann, geschrieben von einem der größten Genies in unserem Jahrhundert:
Richard P. Feynman: ›»Sie belieben wohl zu scherzen, Mr. Feynman!«‹, Piper, München 1991.

Register

Naturwissenschaftliche Einführungen im <u>dtv</u>

Herausgegeben von Olaf Benzinger

Naturwissenschaft im <u>dtv</u>

John D. Barrow
**Warum die Welt
mathematisch ist**
dtv 30570

William H. Calvin
**Der Strom, der bergauf
fließt**
Eine Reise durch die
Chaos-Theorie
dtv 36077
**Die Symphonie des
Denkens**
dtv 30467
**Wie der Schamane den
Mond stahl**
Auf der Suche nach dem
Wissen der Steinzeit
dtv 33022

**Chaos, Quarks und
Schwarze Löcher**
Das ABC der neuen
Wissenschaften
Hrsg. von Ib Ravn
dtv 33011

Jack Cohen, Ian Stewart
Chaos und Antichaos
Ein Ausblick auf die
Wissenschaft des 21. Jhs.
dtv 33003

Richard E. Cytowic
**Farben hören, Töne
schmecken**
Die bizarre Welt der Sinne
dtv 30578

Antonio R. Damasio
Descartes' Irrtum
Fühlen, Denken und das
menschliche Gehirn
dtv 33029

Hoimar von Ditfurth
**Die Wirklichkeit des
Homo sapiens**
Naturwissenschaft und
menschliches Bewußtsein
dtv 33000
**Im Anfang war der
Wasserstoff**
dtv 33015

Hans Jörg Fahr
**Zeit und kosmische
Ordnung**
Die unendliche Geschichte
von Werden und
Wiederkehr
dtv 33013

Karl Grammer
Signale der Liebe
Die biologischen Gesetze
der Partnerschaft
dtv 33026

Jean Guitton, Grichka und
Igor Bogdanov
**Gott und die
Wissenschaft**
Auf dem Weg zum
Meta-Realismus
dtv 33027

Naturwissenschaft im dtv

Stephen Hart
Von der Sprache der Tiere
dtv 33012

Gerald Hühner
»Zwei mal zwei ist vier?«
Mutmaßungen über
Selbstverständliches
dtv 33004

Lawrence M. Krauss
**»Nehmen wir an, die Kuh
ist eine Kugel…«**
Nur keine Angst vor
Physik · dtv 33024

Philip Johnson-Laird
Der Computer im Kopf
Formen und Verfahren der
Erkenntnis · dtv 30499

Josef H. Reichholf
**Das Rätsel der
Menschwerdung**
Die Entstehung des
Menschen im Wechselspiel
mit der Natur · dtv 33006

Paul Scheipers
**Menschen, Mars und
Moleküle**
Ein naturwissenschaftli-
ches Kaleidoskop
dtv 33023

Ian Stewart
**Die Reise nach
Pentagonien**
16 mathematische Kurz-
geschichten · dtv 33014

Frederic Vester
**Denken, Lernen,
Vergessen**
Was geht in unserem Kopf
vor? · dtv 33045
Neuland des Denkens
Vom technokratischen
zum kybernetischen
Zeitalter · dtv 33001

Was treibt die Zeit?
Entwicklung und
Herrschaft der Zeit in
Wissenschaft, Technik
und Religion
Hrsg. von Kurt Weis
dtv 33021

What's what?
Naturwissenschaftliche
Plaudereien
Hrsg. von Don Glass
dtv 33025

Das neue What's what
Naturwissenschaftliche
Plaudereien
Hrsg. von Don Glass
dtv 33010

Berthold Wiedersich
Das Wetter
Entstehung, Entwicklung,
Vorhersage · dtv 30552

Fred Alan Wolf
Die Physik der Träume
Von den Traumpfaden der
Aboriginies bis ins Herz
der Materie · dtv 33005

Naturwissenschaftliche Einführungen im dtv

Herausgegeben von Olaf Benzinger

Bereits erschienen

In Vorbereitung

dtv

dtv-Atlanten
informativ, zuverlässig, handlich und preisgünstig

dtv-Atlas Akupunktur
von C.-H. Hempen
dtv 3232

dtv-Atlas Anatomie
von W. Kahle, H. Leonhardt und
W. Platzer
3 Bände
dtv / Thieme 3017 / 3018 / 3019

dtv-Atlas Astronomie
von J. Herrmann
Mit Sternatlas
dtv 3006

dtv-Atlas Atomphysik
von B. Bröcker
dtv 3009

dtv-Atlas Baukunst
von W. Müller und G. Vogel
2 Bände · dtv 3020 / 3021

dtv-Atlas Biologie
von G. Vogel und H. Angermann
3 Bände · dtv 3221 / 3222 / 3223

dtv-Atlas Chemie
von H. Breuer
2 Bände · dtv 3217 / 3218

dtv-Atlas Deutsche Literatur
von H. D. Schlosser
dtv 3219

dtv-Atlas Deutsche Sprache
von W. König
dtv 3025

dtv-Atlas Informatik
von H. Breuer
dtv 3230

dtv-Atlas Mathematik
von F. Reinhardt und H. Soeder
2 Bände · dtv 3007 / 3008

dtv-Atlas Musik
von U. Michels
2 Bände · dtv 3022 / 3023

dtv-Atlas Ökologie
von D. Heinrich und
M. Hergt
dtv 3228

dtv-Atlas Philosophie
von P. Kunzmann, F.-P. Burkhard
und F. Wiedmann
dtv 3229

dtv-Atlas Physik
von H. Breuer
2 Bände · dtv 3226 / 3227

dtv-Atlas Physiologie
von S. Silbernagl und
A. Despopoulos
dtv / Thieme 3182

dtv-Atlas Psychologie
von H. Benesch
2 Bände · dtv 3224 / 3225

dtv-Atlas Stadt
von J. Hotzan
dtv 3231

dtv-Atlas Weltgeschichte
von W. Hilgemann und
H. Kinder
2 Bände · dtv 3001 / 3002

Die Wissenschaft vom Lebendigen

Wörterbuch Biologie

Von Gertrud Scherf
Originalausgabe
dtv 32500

Als Wissenschaft vom Lebendigen erforscht die Biologie die Beziehungen von Organismen zueinander und
zu ihrer Umwelt sowie die Vorgänge, die sich in lebenden Systemen abspielen. Das ›Wörterbuch Biologie‹
erklärt in rund 4500 Stichwörtern alle wichtigen Fachbegriffe aus der allgemeinen und speziellen Biologie.
Es informiert wissenschaftlich exakt und zugleich all-
gemeinverständlich über die zentralen Bereiche der
Biologie: von der Molekular-, Immun-, Evolutions-,
Verhaltens-, Mikro- und Neurobiologie bis zur Mor-
phologie, Cytologie, Genetik oder Ökologie. Relevante
Fachbegriffe aus der systematischen Zoologie und Bo-
tanik, der Stoffwechsel- und Bewegungsphysiologie
sowie Fortpflanzungs- und Entwicklungsbiologie sind
gleichfalls berücksichtigt.
Mit 27 Abbildungen, einem tabellarischen Überblick
zur Systematik der Organismen und einer Bibliogra-
phie.

dtv